留佩萱 / 著 /

寻找复原力

中国友谊出版公司

图书在版编目（CIP）数据

寻找复原力 / 留佩萱著 . -- 北京：中国友谊出版
公司，2022.12
　　ISBN 978-7-5057-5590-1

　　Ⅰ.①寻… Ⅱ.①留… Ⅲ.①心理学－通俗读物
Ⅳ.① B84-49

中国版本图书馆 CIP 数据核字 (2022) 第 219552 号

著作权合同登记号　图字：01－2022－2740

书名	寻找复原力
作者	留佩萱
出版	中国友谊出版公司
发行	中国友谊出版公司
经销	新华书店
印刷	天津中印联印务有限公司
规格	880×1230 毫米　32 开
	6.5 印张　114 千字
版次	2022 年 12 月第 1 版
印次	2022 年 12 月第 1 次印刷
书号	ISBN 978-7-5057-5590-1
定价	49.80 元
地址	北京市朝阳区西坝河南里 17 号楼
邮编	100028
电话	(010) 64678009

献给我的父母

　　——因为你们的复原力，让我来到这里。

献给我的哥哥、嫂嫂、妹妹

　　——因为我们的复原力，让我们现在在这里。

献给我的侄女晨晨、侄子威威和立立

　　——你们让我看见复原力，姑姑爱你们。

献给阅读这本书的你

　　——因为复原力，我们可以继续走下去。

目 录

CONTENTS

Chapter 1　在逆境中，建立复原力

Chapter 2　复原力在情绪和身体里

Chapter 3　复原力在大脑里

Chapter 4　复原力在关系里

Chapter 5　当危机过后，你要带走什么

后记

推荐序一

让复原力更加茁壮与强大

胡展诰（心理咨询师／作家）

2020 年，突如其来的疫情不仅打乱了人们生活的步调，也夺走无数条生命。那些生活中你我原本习以为常的购物、上学、旅游、交通，瞬间变得困难重重。隔在口罩后方的，不仅仅是闷热不便，更是充满无助的担心和焦虑。

无论人类多么努力，在生老病死与各种意外面前，总是凸显出我们的脆弱与渺小。想要重新找回生命的勇气，不是去改变世界，而是学习觉察与照顾自己。正如同佩萱在书中提到的："外在物质永远填不满内心的空洞。要填补内心，就必须往内心里走。"

面对创伤，我们只能回到自己身上，学习"站起来，再一次重新开始"。心理学家将这种能力称作"复原力"。庆幸的是，人们与生俱来不同程度的复原力，只要通过有方向的练习，就可以让这种能力变得更加茁壮、更加强大。

无论是因为疫情而心烦或苦于受过往各种创伤的影响，请放心，你只要拥有爱自己的意愿，剩下的，就让佩萱的文字来陪伴你迈向疗愈之路吧！

推荐序二

虽然生命很难，我的心依然柔软

胡嘉琪（心理学博士／华人创伤知情推广团队召集人）

认识留佩萱，是从网络文字交流开始的，后来在电话中，我们分享生活在美国的不容易，以及在远方关心中国台湾的各种复杂心情。每一次对话，佩萱总是让我赞叹着，这是个充满学习力，又活得好真实的朋友啊！于是，我很开心收到这份关于复原力的书稿，这个十月，我一边阅读着书稿，也一边回头整理着自己。

人到中年，与自己同龄的人，都可以算是这个社会上的中年人了吧？中年人，感觉上应该是社会的中坚分子，我们好像更有面对逆境的复原力与勇气了。真是如此吗？我诚实地看着自己与身边的中年人们，我看到的是，或许，不再年少轻狂的我们，会不会已经太擅长戴着面具去扮演有生产力的社会角色。拥有社会资源与地位的中年人能够明白，不管是离婚后再婚，离职后再换新工作，还是生病后复健身体，"站起来，再一次重新开始"，这背后包含着多大的痛苦与煎熬，需要付出多大的代价。

包括我自己在内的中年人，内在其实有一部分很害怕跌倒与失败，但越是恐惧，我们就越有可能卡在失去生命活力的中年危机当中。于是，我们这群中年人很需要看见自己身上已经培养出的复原力。如此，才能够有勇气面对生命中必然会到来的逆境！

阅读佩萱的新书，我看见，中年的自己虽然在面对过去几个月排山倒海而来的世界危机时，还是会因为觉得承受不了而"逃跑"到阅读小说的世界中，但这样的"逃跑"，也让自己可以承接住比之前更沉重的咨询个案量。然后同时，我也不断地在练习佩萱书中写到的，"重新去爱那位害怕失败的内在小孩"！

而这样练习陪伴自己的过程，需要在关系中才能发生，感谢跟我一起排解又一起不放弃的朋友们，有了他们，我才能重新去爱那位害怕失败的内在小孩。就如同佩萱在书的后半段提醒大家：复原力，来自人与人之间的联结。

最后，我想到有首歌可以来总结我对这本书的推荐。"虽然生命很难，我的心仍然柔软"，这是吴青峰的歌《柔软》中的两句歌词。刚听到的时候，觉得这真是助人工作者的心情，助人工作者见证到这世间诸多创伤与苦难，但同时也继续保持一颗柔软的心。而这首歌的最后一句："每天到底有多少人，死于心碎？"我觉得答案就是，大多数人都不会轻易地死于心碎。虽然当我们面对生命逆境时"那痛啊，那痛，无以匹配"，但是当我们有一颗柔软的心，能拥抱自己内在的脆弱时，不管再痛，我们都拥有复原力！

推荐序三

愿复原力与你同在

玛那熊（心理咨询师／恋爱顾问）

2020年影响我们最大的就是突如其来的疫情，不但迫使我们放弃原本的计划，还打乱了习惯的步调与生活，甚至干扰了身心，许多负面情绪不断滋生。在爱情旅程中，我们也常遭遇突如其来的变化，例如交往多年以为感情稳定，却一夕之间被提分手，或发现对方其实早已劈腿；也可能两人已经暧昧十足，只差确认名分，却莫名其妙被对方疏离，感叹惋惜。几次情场失利下来，让你无力又茫然地怀疑，自己为何总是选错了人、做错决定？

爱情如同生活，从来不是一帆风顺的事情。如何在遭遇风浪时，好好稳住自己，平安通过暴风圈，驶向更清晰的未来，与我们的复原力量息息相关。唯有培养复原力，才能在跌倒后重新站起，成为更有魅力的人，迈向下一段感情。

这本书全面性地剖析复原力的各种因子，温暖的文字结合清晰的叙述，相信能助你对"脆弱"与"挫折"有不同的看法，且让它们化为再度出发的能量。愿复原力与你同在，让你拥有更美好的爱情与生活！

推荐序四

复原的艺术

刘仲彬 (临床心理师／作家)

"每个人都会死，但不是每个人都真正活过。"

这是电影《勇敢的心》(*Braveheart*) 的经典台词，但最能感同身受的，或许是劫后余生的幸存者们。因为他们知道每个人都会死，也知道活下来不代表真正地活着。

创伤后幸存，通常是事件的终点，但它带来的尾劲，才是现实的起点。对幸存者而言，活下来有时只是在延续呼吸，冲击仍旧架空了自己的身心，能继续呼吸固然走运，但他们更渴望活回受创前的状态。因此本书给出的答案，不是存活的技能，而是复原的艺术。

复原的第一步是观察伤口，包括正视自己的脆弱，学习容纳哀伤。第二步，尝试调整对创伤事件的"解读方式"，不让伤口继续恶化。第三步，练习修复因创伤而撕裂的人际破口。最后一步，重新思考伤口对自己的意义。

可以肯定的是，这一路不会太轻松，也许步履蹒跚，但若能踏实走完一轮，就不会只是路过人间，而是活过一回。

推荐序五

培养逆境中的反弹力

Nana（"哇赛！心理学"心理师）

生活总是一直在变动，除了欢欣愉悦的日子，难免也有挫折和失去。面对这些快速的变动，我们如何自处与适应？

同样身为心理师，我们都在治疗室中协助个案案主建立复原力。佩萱心理师在《寻找复原力》一书当中，以清楚易懂的文字、温柔的笔触、贴切的举例和真实的案例，逐步引导读者学习对身体与情绪的自我觉察、对负向情绪的涵容、对惯性思考模式的调整，以及建立维系真挚的人际关系。让人在每一次的危机中，都能知道自己要如何做出回应，赋予其意义，获得成长。

复原力不是指你不会受伤、不会心碎，而是在觉得心好累的时候，更愿意细心温柔地照料自己，再继续向前迈进。期待本书的出版，能协助更多人在生活中找到内在蕴含的力量与资源，培养出面对逆境的反弹力。

前　言

站起来，再一次重新开始

开始动笔写这本书时，是 2020 年的 6 月，6 月是中国台湾高校的毕业季。这是个充满兴奋又让人焦虑茫然的季节，一群毕业生离开校园，进入社会，脑海中有个对于人生的美好想象，期待生命接下来照着自己所规划的展开。

但可惜人生并不是这样的。学校没有教我们的是，你会失败、会心碎、会失望、会面对失去与疾病、会有许多不确定性、事情不会照着你的计划进行、人生许多事情你无法掌控。很多时候突然发生的事件，会瞬间把你的世界翻转或击碎；而你会成为什么样的人，来自你选择如何回应这些事件，以及你从中收获了什么。

2020 年暴发的新冠病毒疫情，让我们许多人的世界都被翻转了。

6 月时，我看到了美国社工系教授布琳·布朗（Brené Brown）博士在德州大学奥斯汀分校的毕业典礼上致辞的影片。

因为疫情，这是一场在线的毕业典礼，布琳·布朗教授在荧幕前穿着毕业袍，对着毕业生说话，而她的主题是：不要害怕跌倒。

布琳·布朗教授提到，人生不会照着你的规划和预期的时间轴进展，而最重要的是，我们拥有"站起来，再一次重新开始"（Get back up, begin again）的能力。也就是在每一次失败、人生不如预期时，你能够起身，重新开始。

布琳·布朗教授是一位世界知名的学者和作家，她出版了多本畅销书，这些书被翻译成各国语言，她的 TED 演讲"脆弱的力量"则是有史以来点阅率最高的演讲之一。

如今看似非常成功的布琳·布朗教授，在这段毕业致辞中，非常真挚地分享了自己在人生道路上不断跌倒的经历。她在高中毕业时，准备进入得州大学奥斯汀分校就读，但她没预料到的是家里发生了一些变故，让她脱离本来计划好的轨道。当时离开校园的她做过各种工作，像是居家清洁工、餐厅服务生、酒保，也在电信公司工作许久……当她决定重回大学时，因为之前的成绩太低，需要先到社区大学修课做补救。读完博士后，她写了一本书，但投稿时到处碰壁，没有出版社愿意帮她出版。

这些经历似乎不是一般大家眼中"成功顺遂"的道路。布琳·布朗教授说，这就是她的人生旋律——跌倒，站起来，重新开始。

你的人生道路也有你自己的旋律，不管是走得通顺还是跌倒，这些都是人生的一部分。我猜想，许多人在 2020 年都在人生道路上跌了一跤，有些人摔得较轻，有些人摔得十分惨烈。一场疫情世界大流行来得又快又剧烈，你可能突然间失去工作、失去你辛苦打造的公司或企业、失去健康、失去挚爱的亲友、失去过往的自我认同、失去本来的人生规划、失去以前的正常生活、失去对未来的想象、失去对这个世界的信任……

我们从本来行走的人生道路上摔了下来，然后呢？现在该怎么办？

复原力，就是"站起来，再一次重新开始"。

身为一位心理咨询师，我在咨询室中听到许多关于创伤、失去与各种挣扎的故事，但是，同样从这些个案案主身上，我看到非常强大的韧性——他们每一位都在人生道路中摔倒，但是都继续往前走着。这样的韧性总是让我非常感动。

这次的疫情，更让我对于人类所展现的韧性感到无比钦佩。疫情带来剧烈冲击，但世界上许多人还是继续努力地生活，在纷乱、失败、心碎、痛楚当中，继续度过每一天。

也因为被如此美丽的韧性与生命力所感动，我决定开始写这本书。

你可能会好奇：为什么有些人在经历失败后好像人生就卡

住了，而有些人却可以继续前进？心理学家定义的"复原力"，是指一个人从逆境中反弹的能力。复原力，也就是布琳·布朗教授在毕业致辞中提到的：站起来，再一次重新开始。

当然，每个人现在的复原力强弱取决于过去的成长经历和资源，但好消息是，复原力并不是天生注定的，而是可以后天培养的。也就是说，你可以从现在开始，帮助自己建立复原力。

布琳·布朗教授说，能够"站起来，再一次重新开始"的秘诀，就是"脆弱"。许多人在听到"脆弱"两个字时，会联想到软弱、不够坚强等负面含义，但研究上，脆弱的定义是：不确定性、承担风险以及面对情绪。一个人愿意让自己脆弱，这表示在不知道结果会如何的情况下，他愿意去做、去尝试、去表达内心的情感以及去面对可能产生的各种情绪。

这样说来，"站起来，再一次重新开始"的确是一件让人脆弱的事情，因为当你爬起来，重新开始，就表示你可能会再次跌落，要再度经历失败所带来的痛苦。

一个人有多勇敢，来自他多么愿意让自己脆弱。站起来，再一次重新开始，是一件脆弱的事，是一件非常有勇气的事。

每一次的失败，都是建立复原力的好机会。

人生唯一确定的事，就是"会不断改变"。就算没有疫情，我们的生命也会充满变故、心碎、痛苦与失败。我们能够掌握的，是当这些事件发生时，自己要如何回应。

有复原力并不表示跌落时不会感到痛楚、崩溃、失望；相反地，有复原力表示你愿意让自己去感受情绪，从每一次痛苦的跌跤经验中去探索学到了什么，然后带着这些新知识和体会站起来，再一次重新开始。

要建立复原力，并不是要你做什么英勇的行为，而是做好日常生活中的微小事情——来自你正确处理情绪、面对想法、调节身体状态；来自你能够走入自己的内心，倾听自己的声音，正视自己的恐惧；来自你愿意让自己脆弱，和真实的自己联结，也与他人建立真挚的联结。

2020 年，疫情让这个世界充满了痛苦与心碎，但我也看到，这个世界充满了复原力。

每一次的人生跌跤，都是建立复原力的好机会，这也是我想写这本书的目的——帮助你从每一次的挫败中学习与成长，建立更强的复原力。

不管你现在站在哪里、跌落在哪里，我们就从那里开始吧！

Chapter 1

在逆境中，
建立复原力

我们无法掌控生命接下来会发生什么事情，
但我们可以在每一次挫败发生后，
帮助自己建立复原力，让心理伤口愈合。

当人生 A 选项消失

在写这本书的几个月前，我读到了科技公司 Facebook 的首席运营官谢丽尔·桑德伯格（Sheryl Sandberg）的著作《另一种选择》（*Option B*）。

在 2015 年的一次度假行程中，谢丽尔·桑德伯格的丈夫戴夫·高德伯格（Dave Goldberg）在健身房意外骤逝，让她深陷在剧烈的哀恸中。我深刻地记得在阅读这本书时，心中也感受到那哀伤的重量，我想着：挚爱的伴侣突然间离世，那是多么大的伤痛。

从那一刻起，谢丽尔·桑德伯格本来运行得好好的世界被击碎了，她再也回不到原本的世界了。

我们每个人的生命都可能发生这样的骤变，它将你本来熟悉的世界击碎，让住在过去那个熟悉世界的自我也消失了。

《另一种选择》中有一段话让我印象深刻。谢丽尔·桑德伯格写道，先生过世后不久，学校有一场需要父亲参与的亲子活动，朋友说他可以帮忙去参加，而她哭着说："但是我想要戴夫去！"

朋友回应她："现在已经没有 A 选项了，我们就从 B 选项开始吧！"

当人生只剩 B 选项

2020 年的疫情让我想写这本书，因为我看到疫情把我们许多人本来熟识的世界击碎，让我们的 A 选项突然消失了。桑德伯格在一场访谈中说："现在，许多人可能都只剩下 B 选项了！"

过去的这一段时间，我看到了许多人本来生命中的 A 选项都消失了：

被裁员，被放无薪假，一路以来努力打拼的公司经营不下去要倒闭了；

旅行计划被取消，婚礼无法照常举行，本来满心期待要参加的活动都被取消了；

暑假实习机会没了，面试到一半的工作被暂停，本来拿到的工作机会被收了回去；

孩子的学校或托育中心关闭了，大人在家在线工作，每天全家人都被关在家里充满争执；

你经营的餐厅或店面空荡荡，没有人来光顾；

你担心自己或家人，尤其是家中年纪稍长的长辈的健康；

你和你的伴侣都失去工作，家中还有两个年幼的孩子，你们不知道接下来该怎么办；

你的家人过世了，但因为疫情，身在国外的你无法赶回来见最后一面；

你对于公司里不戴口罩的人、不遵守社交距离的人感到生气，只要听到有人咳嗽或打喷嚏，你就会感到紧张；

和伴侣争吵越来越激烈，这段亲密关系让你感到失望、愤怒与孤独；

与伴侣或朋友分享心情，却换来对方冷嘲热讽地说："你应该充满感激才对，在中国台湾已经很幸运了！世界上其他地方更惨。"让你觉得有情绪很不对，怎么会这样不知感激；

你很讨厌现在的工作，但是因为疫情，你觉得不应该辞职，每天陷在厌烦的工作中；或者你本来就处于待业状态，疫情让你找工作的阶段更加充满焦虑和压力；

你处在一段不满意的关系中，正在抉择要不要离开这段关系，而疫情带来的未知与不确定性让你害怕提分手；或者因为疫情，你的伴侣更需要你，你对于现在提分手感到愧疚，但待在这段枯死的关系里又让你精力耗竭；

你处在一段充满肢体或精神暴力的关系中，因为疫情让伴侣情绪更不稳定，你觉得很羞愧，不敢说出来，也不敢寻求帮助。

……

以上这些，是我听到的许多人在疫情中的经历与感受。我猜想，你在阅读这些经历时，或许有些共鸣。其实这些经历，我们每一个人都有可能会遇到，虽然我们有各自的故事，但在这些独特的故事中，我也看到许多相似性——失去挚爱、被背叛、离婚或失恋分手、工作被裁员、职场失败、与家人关系恶化、和同事或合伙人关系破裂、得疾病失去健康、学业表现不如预期、处在枯死的亲密关系中、被伤害、经历天灾人祸、发生意外等等。

那你呢？你记得人生旅程中，你心中的 A 选项消失的时候吗？当时发生了什么事？我想邀请你花一点时间，把人生中经历的这些事件写下来。

重新学习如何处理心理伤口

现在，请你回去读你写下的这些事件。当 A 选项消失、面对失败与逆境时，你是如何面对的？当时的你，有哪些情绪或想法？你如何处理那些情绪？你习惯独自面对，还是会说出来？你有寻求别人的协助与支持吗？你觉得这些事件如何改变了你？你从中学习到什么？

当我回想从小到大的失败、挫折与逆境时，我觉察到自己有很大的转变。在踏入心理咨询领域前，我习惯独自面对，而且在遭遇逆境与挫败时，我会觉得很羞愧，认为是自己的问题，这让我更不敢说出来或寻求帮助。

开始学习心理咨询后，我理解到，原来我从小并没有学习过要如何处理心理伤口。并且，我也意识到，这个社会面对身体疼痛和心理疼痛的态度非常不同。如果你今天走路不小心跌倒，擦伤了膝盖，你觉得很痛，但我猜想你的内心并不会质疑："擦伤会痛是正常的吗？"你也不会这样责备自己："擦伤怎么可以痛？怎么这么没用！"你会做的事，是赶紧去消毒、擦药、包扎，如果伤口恶化，你可能会去看医生。这些都是你从小被教导受伤之后该做的事情。

我们从小就被教导要如何处理身体伤口，那心理伤口呢？

就像身体会受伤生病，我们的心理也会受伤——遭遇伤痛、失败、被拒绝、失望、被背叛、经历失去……这些都是心理伤口。有心理伤口是非常正常的事情，但是许多人对心理伤口的处理方式，是责备、质疑和羞辱。"我怎么会为了这点小事难过？""我是不是反应过度？""我是不是太敏感了？""我怎么这么软弱？"

这样处理心理伤口，就像是拿着刀子继续往伤口处割了好几刀，不但让伤口无法好好复原，还更加恶化。

这就是我以前处理心理伤口的方式，我猜想，这也是很多人现在处理心理伤口的方式。

在成为咨询师的培训中，我需要不断地做自我探索与成长，让我开始学习用另一种方式处理心理伤口。当我为写这本书大量阅读关于复原力的资料时，我发现，原来过去几年里我做的探索，就是在帮助自己建立复原力。而在咨询室中，我所做的事情也是在帮助个案案主建立复原力。

复原力是指一个人从逆境中反弹的能力。对我来说，复原力就是处理心理伤口的能力。拥有很高的复原力并不是指你不会受伤，你还是有心理伤口，每一次受伤时还是会很痛，但是，你不会忽略伤口、假装没受伤，或是放任伤口恶化，而是愿意去看见自己的心理伤口，并且会细心照料每一个心理伤口——消毒、包扎、花时间让这些伤口愈合复原。

在伤口愈合后，站起来，再一次重新开始。这就是复原力。

人生本来就充满各种变化与意外，心理受伤是非常正常的，我们每个人都可以学习如何好好地面对心理伤口，帮助自己建立复原力。

复原力，是可以培养的

你可能会好奇，拥有高度复原力的人是什么样子？复原力包含哪些特质？要怎么样建立复原力呢？

你觉得复原力是什么？当你听到"复原力"这个词时，你会联想到哪些特质或哪些词汇呢？我想邀请你拿出纸笔，写下几个你联想到的跟复原力有关的字词。

写这本书时，我请出版社的同人参与这个小活动，大家写下的词汇包含：受伤、挫折、结痂、愈合、眼光、转念、正向思考、振作、重新、逆境重生、勇气、沉淀、过程、时间、信心、期待、希望、温暖、扶助……这些都是非常重要的词汇，也传达了复原力的各个方面。

首先，我看到了"受伤、挫折"。在人生道路上，我们都会经历许多伤痛，而每一次的失败和挫折，其实都是建立复原力的好机会。因为建立复原力就像锻炼肌肉一样，需要一些压力与阻力。

其次，我读到了"结痂、愈合"。也就是说，每一次受伤后，你能够给自己的心理伤口一个复原的环境，包含了给自己的每一种情绪一个空间，好好接纳自己。

接着是"眼光、转念、正向思考"。这些词汇提到了复原力中非常重要的特征——我们如何看待挫败与压力？如何从逆境中学习？

再次，我读到"振作、重新、逆境重生、勇气"。复原力就是你能够重新开始的能力，当本来的计划无法运行时，你可以尝试新的方法。每一次的新开始，都非常需要勇气。

接下来的词汇我也非常喜欢，"沉淀、过程、时间"说明了任何复原和成长都没有快速解药，这是一个过程，需要你花时间进入自己的内心。

"信心、期待、希望"这几个词也是复原力的关键，让你在黑暗的隧道中，抱持着信念，相信再继续往前走，就会看见光。

最后两个词汇"温暖、扶助"也非常重要。很多人想到复原力时，想到的是"自己该怎么做"，但是，人是群居的动物，拥有高复原力也需要其他人的支持——我们需要有人可以让我们倚赖，人与人的联结是建立复原力的重要基础。

现在再邀请你回去看你写下的词汇，你写下的字词跟上述提到的是否相似呢？

复原力，就是从逆境中反弹的能力

再来，我们看看学术研究上是怎么定义复原力的。

研究上有几种定义复原力的方式，但大致来说，"复原力"就是能够借由改变适应方式，从逆境中反弹的能力，并且，能够在逆境与挑战中成长。

除了复原力的定义外，研究人员也去探讨哪些特质让人有较高的复原力，以及我们要如何提升复原力。

美国宾夕法尼亚大学的正向心理学中心，在过去二十多年来针对什么是复原力做了大量研究，并且根据这些研究建立了一整套课程，训练企业人士、政府单位人员、军人、医护人员，等等，以提升他们的复原力。

在这套复原力课程中，他们教导了六项复原力技能，分别是自我觉察（Self-Awareness）、自我调节（Self-Regulation）、心智敏捷（Mental Agility）、乐观（Optimism）、自我效能（Self-efficacy）和联结（Connection）。

读到这六个词汇时，你可以先猜想一下它们是什么意思。然后，一边读下列解释，也请你一边反思：你觉得自己在这些复原力技能上表现如何？在过去经历挫败时，你用到过这些技能吗？

自我觉察：自我觉察指的是能够觉察到自己的情绪、想法或反应的能力。想想看，一天当中你会暂停下来去观察内在发生了什么事吗？你能够辨识自己有哪些情绪吗？能够为这些情绪命名吗？你能够观察到自己有哪些想法，并且觉察到这些想法如何影响你吗？你能够辨认身体有哪些感受或是反应吗？

自我调节：自我调节是指你知道该如何调节自己的情绪、想法和压力。当情绪冒出来时，你能够接纳并处理情绪，而不是被情绪掌控，或是陷在情绪当中。你能够观察到自己身体神经系统的状态，并且做调节，帮助神经系统平稳下来。

心智敏捷：心智敏捷指的是你能跳出僵化的思考模式，用不同的观点去解读和看待事情，或是让自己用不一样的思考模式去想事情。当你面对压力和挫败时，能不能用不同的角度去看待挫折？你会把失败视为"我不够好"，还是视为可以从中学习的机会？当一种方式不再有效时，你能不能想出其他解决办法？

乐观：乐观包含了我们相信未来会变得更好，也包含了我们能积极看待压力。你会把压力源视为一个可以克服的挑战，还是把它看成一个威胁？当我们把压力视为挑战时，我们会想办法克服；但当我们把压力视为威胁时，我们就会想要逃跑。乐观还包含了我们能够接纳那些无法掌控的事情，能把精力放在自己能够掌控的事物上并做出改变。

自我效能：自我效能指的是相信"自己办得到""能够达到所设目标"。自我效能也包含了了解自己拥有哪些优点，并且在遇到挑战与挫败时能善用自己的长处。你知道自己有哪些优点与强项吗？在过去遭遇挫败时，你都是如何利用你的优点度过挫败的？

联结：拥有良好的人际关系是建立复原力的重要基石。在你生命中是否有可以信赖的人？你是否觉得不管发生什么事情，都有人可以让你倚靠、给予你支持？联结也不仅仅是人际关系，有些联结来自"比自己更大的力量"。这个力量可能是你的信仰、和大自然亲近时的联结感或是你觉得生命充满了使命感。

在读完这六项复原力技能后，请你反思一下，你觉得自己的复原力程度如何呢？如果替自己的这六项技能程度各自评分

（1 分最低，10 分最高），你觉得这六项技能，你的程度各是

几分？请你在以下图表线段中圈点出自己的分数位置。

1. 自我觉察
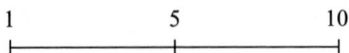

2. 自我调节
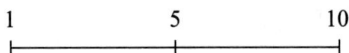

3. 心智敏捷
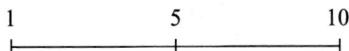

4. 乐观
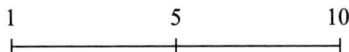

5. 自我效能
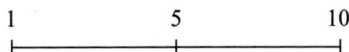

6. 联结
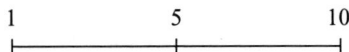

每个人都可以帮助自己建立复原力

在替自己的六项复原力技能打完分数后，你现在感觉如

何？你觉察到了什么？

如果你觉得自己现在的复原力程度并不好，也没关系，因

为研究显示，复原力是可以培养的，这本书的目的就是要帮助你建立更高的复原力。

你现在的复原力程度很大一部分来自成长经历，例如，若童年时期没有人教你如何面对和处理情绪，那么现在的你可能无法觉察情绪和调节压力。如果成长过程中只要一失败就会被羞辱嘲讽，现在的你很可能将压力源视为威胁，想要逃避所有可能的失败。若成长过程中你被训练出僵化的思考模式，那么现在的你，自然更难跳出框架思考。

除了童年经历之外，生理气质和基因也会影响一个人的复原力。我们无法改变童年已经发生的事，也无法改变自己的基因，但是前面列出的六项复原力技能，是我们每一个人都可以学习培养的。

我们每个人都可以借由学习和练习来提升自己的复原力。这本书会帮助你培养与建立这六项复原力技能，也请你在读这本书的过程中，时时回来检视这六项技能的评分，看你在每一项能力上是否有所改变。

毒性正能量，让我们不愿意看见失败

复原力是我们从挫败中反弹与成长的能力，但首先，我们需要"看见"挫败。

几年前，我读到了一份"失败简历"。美国常春藤名校普林斯顿大学教授约翰内斯·豪斯霍费尔（Johannes Haushofer）博士，在网络上放了他的"失败简历"。在这份失败简历中，他列出了求学过程中所有拒绝他的学校、找工作时所有拒绝他的单位、所有没得到的奖项及奖学金、所有投稿时被拒绝的学术期刊文章，以及所有申请但没拿到的研究经费。

他在这份失败简历上写着："我做的大部分事情都失败了，但这些失败是隐形的。大家只看得到成功，所以我们认为别人的成功似乎轻而易举，然后认为失败是自己的问题。"他希望这份失败简历可以让大家看见失败，为大家提供一些不同观点。

学术圈并不是一个容许展现脆弱的地方，很少有人会谈论失败，大家都是"假装你都会，直到你真的办到"（英文有一句话叫作 Fake it till you make it）。所以我非常感激豪斯霍费尔教授愿意公开展示他的失败简历，让大家看见他的失败。

现在我们每个人，其实也都有一份公开展示的简历——你的社交网站。在这份"简历"上，你可以放上所有想展示的东西：学历、就读学校、工作职称、美丽的照片、去哪里旅游、吃了哪些美食、和哪些人聚会、感情多甜蜜、人生有哪些成就等等。

每天，我们在社交网站上看着一份又一份亮丽的简历，这些光鲜亮丽的简历，让我们看不见真实的人生其实充满着挣扎与逆境。于是，你认为当自己过得不好时，就是自己有问题。

而当我们无法真正去面对挫败与逆境时，就无法从中成长与学习。

当我们开始隐藏挣扎与挫败

我们活在一个非常强调成功、正向和快乐的社会，社交媒体上充斥着各种"正能量"励志语句，像是"往正面想""你一定会克服一切困难""永不放弃""要感激""要看见每一件事情的光明面"……

当然，要快乐没有不好，我自己也很喜欢读这些励志语，这些句子偶尔也会给我一些动力，帮助我继续往前走。这些励志语说得也都没有错——能够让自己去感激拥有的一切、能够在每一次挫败中看见可以学习的地方、可以看见光明面，这些都是一个人拥有很强的复原力的特征。

但是，当"要正向、快乐"变成唯一的追求时，就会让人不敢直面内心真实的感受。就像是我们拿着励志语丢向正处在痛楚中的人，让他们赶快把负面情绪清理干净，这样反而会让许多人不敢表达内心的痛苦，不敢谈论失败，开始隐藏情绪，戴上一切都很完美的面具，甚至，在自己过得不好时，会觉得很羞愧、很自责、不敢求救。

近年来，网络上出现"毒性正能量"这个词，描述了过度强调"只能正向"的社会氛围。

以下是一些常见的"毒性正能量"症状，请你花一点时间反思，你是否也有这些症状呢？

- 会刻意隐藏你的真实情绪（尤其是负面情绪）。
- 想推开某些情绪，像是告诉自己："这没什么好难过的！"或是对于自己的负面情绪感到羞愧。

- 当别人与你分享他的负面情绪或失败经历时，你试着要把他的负面情绪赶走，像是告诉他："你已经很幸运了，可能还有更惨的状况！"
- 你会告诉别人："好了不要再难过了。""赶快好起来。""想些快乐的事情就好。""这不用这么生气吧？""生气没有用！"
- 你在社交网站上放"励志语"贴文，然后批评那些没有这样正向思考的人。

如果你觉察到自己出现"毒性正能量"症状，这是很正常的，毕竟这个社会不断向我们灌输要开心、要正向的观念。觉察就是改变的第一步，能够觉察到自己有这些想法与行为，是非常了不起的事情。

是我太玻璃心了吗

近年来我也常在网络上读到"玻璃心"这个词。网络上写着，玻璃心是指"一个人的心像玻璃一样易碎，用来形容敏感脆弱的心理状态，经不起批评指责或者嘲讽，很容易就受到打击"。

读到"玻璃心"这个词时，我觉察到心中冒出许多排斥感，心想：这不就是在加剧毒性正能量吗？

当一个人感受到痛苦时，还要怀疑自己："我这样是不是太玻璃心了？"或者当一个人终于鼓起勇气想表达自己的情绪时，还要担心："如果表达自己其实过得不好，别人会不会认为我太玻璃心、太经不起挫折了？"

在咨询室中，我也时常听到个案案主有这些怀疑："我是不是太敏感了？""我朋友说别人根本没有这个意思，是你太敏感了！"而这些质疑反而让他们更加痛苦。

如果你也这样觉得，你一点都不孤单，来自2012年的一项研究显示，当受试者被要求"不应该感到负面情绪"时，他们反而感觉到更强烈的负面情绪。因为害怕被批评为有"玻璃心"，我们更加不敢去谈论失败与挫败，不愿意去面对自己的心理伤口。

用玻璃来形容人的心，是一件很有趣的事情。当一个东西是玻璃制的，我们要非常小心地拿着或是存放，不小心摔了就会破裂。用玻璃来形容心，表示我们要小心翼翼不可以有任何挫败，不然心就会"碎"了。于是，许多家长努力保护孩子，不让孩子经受到任何挫折或失败。

如果用玻璃来形容易碎的心，那么毒性正能量就是要把我们的心变成"钢铁",怎么摔都不会坏、不会碎。但是,如同钢铁般坚硬又僵化的心,是感受不到情绪的。生命是由喜悦与痛苦共同交织而成,我们会经历快乐、激动、喜悦、难过、伤心、失望等各种情绪,而挫败与心碎这些经历,都可以让我们的心变得柔软,待人更温柔。当心像钢铁般坚硬时,我们就无法感受情绪,无法真实地活着。

或许我们可以抛开"易碎"或"不易碎"这样僵化的二元法来定义心智,而是改用另一种不同的角度——把心智当成锻炼肌肉一样。

你在做重量训练时,会需要循序渐进地增加负荷重量,因为肌肉锻炼需要这些阻力与压力才能强化肌肉。同样的,建立复原力,就是在锻炼你的心智肌肉,每一次的挫折与失败,就像是使用重训器材时再多增添的一点重量,都可以帮助你增加复原力。

建立复原力的第一步,是要能够去看见与面对挫败。但是这个充满毒性正能量、动不动批评人"玻璃心"的社会,让我们喜欢去评价正在经历失败、正在挣扎的人,让失败成为一件很可耻、大家都不愿意谈论的事情。

同样在学术圈工作,当我读到豪斯霍费尔教授所公开的

"失败简历"时，我理解到原来常常被拒绝是很正常的，很多时候并不是因为"我不够好"。我心里也想着，如果这个社会上有更多人愿意分享他们的挫败简历，我们又会如何看待失败、谈论挫败呢？

所以，我想要邀请你，让我们一起建立一个社会，让大家可以谈论失败、挫折与痛苦，因为当这些失败有空间存在、能够被看见，我们才有机会去靠近、去面对真实的自己，才能从这些失败经验中提升复原力，能够学习与成长。

你愿意去看见自己的失败简历，甚至分享自己的失败简历吗？

照顾心理伤口，没有捷径

前阵子，有一位学生跟我分享一首诗。写着："我们的经历如同一场暴风雨，但我们各自在不同的船上。"

这句话让我立刻理解到，疫情所带来的影响，对于每一个人是如此不同——我们共同经历新冠肺炎疫情这场暴风雨，但我们在各自的船上。有些人在豪华的渡轮上，非常稳健且拥有许多资源；而有些人在独木舟上，即将被风雨翻覆。

对某些人来说，经济不是问题，工作暂停反而多出许多时间休息；而对于某些人，失去工作表示不知道下一餐在哪里。有些人烦心本来暑假计划好的出国旅行泡汤了；有些人烦恼暑假找不到人照顾孩子，这样要怎么去工作？没钱交房租怎么办？对某些人来说，居家令是重新与家人联结、学习新事物的机会；对某些人，却是每天被关在家里遭受伴侣的暴力相待。

在线工作期间，某些人可以在家中的办公室工作，而某些人却不得不和家中其他人共享狭小的空间。

各自度过自己的暴风雨

我们每个人都拥有不同的资源和生命状态，都在用自己的方式度过这场疫情暴风雨。

每个人的人生不也是这样吗？就算没有疫情，我们每个人在人生航程中本来也会遭遇各自的暴风雨。有些人正在经历心碎与失去，有些人正遭遇挫折与失败，有些人现在一帆风顺……因为每个人拥有的资源与生命状态不同，每一场暴风雨也会带来不同的影响。

不管你的人生目前为止过得是否顺遂，我们都需要帮自己建立复原力，因为人生唯一确定的事情，就是会不断改变。没有人能预测人生航程中会发生什么事，我们每个人都有可能经历逆境、变故、失败与失去。

从集中营中存活的心理学家维克多·弗兰克尔（Viktor Frankl）在他的著作《活出生命的意义》（*Man's Search for Meaning*）中写道："你可以从一个人身上夺走所有东西，但有一样东西你永远无法夺走，就是这个人的自由——他如何选择、如何回应发生的事情。"

我们无法控制这个世界接下来会发生什么事，我们唯一能掌控的是自己，自己的内心，自己要如何做回应。不管发生什么事情，我们都拥有最终的自由——选择要如何做回应，选择要从这个事件中寻求什么意义。

我们可以选择去好好面对心理伤口，让自己去感受伤口带来的痛苦与情绪，然后去照顾这些伤口，让它们复原，让自己重新开始。

照顾心理伤口，没有捷径

而这本书的目的，就是想帮助大家提高照顾心理伤口的能力，培养前面所列出的六项复原力技能：自我觉察、自我调节、心智敏捷、乐观、自我效能与联结。

你的情绪、面对压力时神经系统的反应，都藏在身体里，所以，我们就从关注身体开始。本书第二章会教你如何觉察情绪和身体感受，进而培养自我觉察与调节的能力。

拥有强大的复原力并不是"不会感到痛苦"，而是每一次遭受挫败时，你愿意让自己去感受情绪、去倾听情绪，并且从情绪中带走宝贵的信息。如果你想要进一步了解什么是情绪，也欢迎你去阅读我的另一本书《疗愈，从感受情绪开始》。

在第三章，我会帮助你学习如何面对大脑中的想法，了解自己常使用哪些惯性思考模式，反思自己如何看待失败与挫折，培养乐观的思维方式以及善用自己的优点。在这里，我们会学习心智敏捷、乐观与自我效能这三项复原技能，让你以更积极的心态面对挫折。

拥有良好的人际关系是帮助你复原的重要因素，若要拥有强大的复原力，必须学习如何建立与维系关系。因此第四章我会谈论人际关系——如何建立关系、修补关系、有冲突时该怎么化解、如何沟通与倾听。你可以运用这些技巧，提高自己和身边人的关系质量。

本书的最后一章，我会谈如何从每一次的危机中找到意义与获得成长。"危机"是一个很有趣的词语，里面有一个"机"字，也就是说，每一次的挫败与逆境，其实都是一个机会，让你可以从中学习与成长。

有几位学者在 1990 年左右提出了"创伤后成长"（Post-Traumatic Growth）这个词，他们通过研究发现，在经历创伤与逆境后，许多人在人生不同方面都有正面的成长与改变——像是对生命更抱持感激的态度、能积极改善人际关系、能够用新眼光看待生命等等。

当下社会，人们普遍喜欢走捷径，希望找到可以立刻解决问题的方法。可是，成长与复原需要一个过程，并没有快速解药。所以我没有办法告诉你照着步骤一、二、三做就好，因为人很复杂，复原与成长的过程也很复杂。你需要做的是给予自己时间与空间，去经历这个过程。

在经历逆境后成长，不代表你不会感到痛苦，相反地，你的成长正是来自和这些痛苦的共处。

没有人希望身处逆境当中，如果可以，我们希望自己的整个人生都可以顺顺利利，但是我们无法控制未来会发生什么事情，我们唯一能掌控的，是事件发生之后，自己要如何回应。

Chapter 2

复原力在情绪
和身体里

当我们有能力接纳每一种情绪后，
任何情绪出现时，都是被欢迎的。
这样，当你的思绪待在自己的身体里，
就可以有在家的感觉。

在身体里，有在家的感觉

在南非，大家见面打招呼时会跟对方说："Sawubona！"

sawubona 这个词来自祖鲁语，意思是："我看见了你，而借由看见你，你得以存在。"

第一次听到 sawubona 这个词，是在美国哈佛大学心理学家苏珊·大卫（Susan David）博士的演讲中，当时觉得这句话好美，也好有道理。人类是群居动物，我们需要与人联结，每个人都需要被看见与被听见——因为你看见了我，我得以存在；我看见了你，让你得以存在。

而我也想着：我们每个人，能不能也对自己说"Sawubona"？

如果我们能对自己说："我看见你了，看见了你的每一种情绪和感受。"如果每个人都能够真实地看见自己，也能坦然地面对自己的内心，那会是什么样子呢？

生命中不只有快乐，也有痛苦

本书第一章简单介绍了什么是复原力，而培养复原力很重要的两项技能，就是自我觉察与自我调节，也就是说，你能够觉察到自己有哪些情绪与感受，并且能够去面对和调节它。

我曾读过一句话："Feel at home in your body。"翻译成中文就是："在你的身体里，有在家的感觉。" 这句话让我思考了很久，也让我想到咨询室中许多个案案主提到，他们无法"待在"自己的身体里，因为感觉太不舒服、太痛苦了。

基思·理查兹（Keith Richards）是英国的歌手、作曲家，也是一位毒品成瘾者。他在他的回忆录中写道："我们使用各种扭曲的方式，就是为了可以有几个小时不用和自己相处。"使用毒品，可以帮助他短暂逃避现实，不用和自己相处，不用去感受痛苦的情绪。

那种待在自己的身体里不舒服的感觉，我猜想我们多少都有所体会，也各自有逃避的方式。我的方式是工作，因为工作或忙碌时就不需要去感受情绪。你的方法有可能是逛街、网购、饮食、看电视、看手机、排满行程、让自己不断参加聚会、沉溺于社交网站、打游戏等等，我们都有各自的方法来逃避令人难受的痛苦情绪。

但生命是由快乐与痛苦共同组成的，当我们推开痛楚，也就一并推开了喜悦。每一次经历挫败、失去与逆境，产生痛楚的情绪都是很正常的。情绪是我们面对内在或外在环境的回应，任何一种情绪都没有对错，但是当我们不断逃离痛苦情绪，就失去了学习与痛苦情绪共处的机会。

我们可以练习去欢迎与接纳每一种情绪，让你的思绪在身体里，有在家的感觉。

你是天空，可以容纳每一种天气

我想先请你做一个小实验。

请你拿起手机，设定三分钟的时间。然后在这三分钟内，闭上眼睛，去觉察你的内在世界或外在世界发生了什么事情。

你觉察到什么？

你可能会发现，光是这短短三分钟，所有接触过的事物都在大脑中涌现——听到的声音、闻到的气味、身体的感受、冒出的情绪、脑中飞逝的想法，从这一秒到下一秒，都在不断地发生变化。

生命中唯一可以确定的就是事物会不断改变，没有事物能够永恒不变。所有事物都是短暂的存在，情绪也是。

我很喜欢用天气做比喻来向个案案主描述情绪：你的情绪就像是内心世界的天气，有时晴空万里，有时刮风，有时下大雨，有时来一场暴风雨。每一种情绪都是暂时的，会不断改变，就天气跟一样。

许多个案案主会问我："情绪来的时候该做什么？"

我会告诉他们："情绪出现时，你什么都不用做，只要去感受就好。"不管是哪一种天气，你都无法去反抗或改变它，情绪来临时也是一样。你不用去改变或控制情绪，只需要去接纳、去感受。

"感受情绪"指的是，每一次情绪出现时（在这个当下、此时此刻），你能够问自己：觉察到什么？身体感受到什么？这是什么情绪？这个情绪带来的感受像是在身体的哪个部位？然后，让自己和这些身体感受待在一起。

心理师塔拉·布莱克（Tara Brach）在她的书中写道，当我们能够让自己回到"当下"（be present），就能让自己变成"天空"——你不是乌云，也不是暴风雨，你是那片辽阔的天空，你有广阔的空间，容纳得下每一种情绪与感受。

在情绪出现时，练习回到"当下"，让自己变成天空，然后让乌云飘过，让暴风雨经过——让情绪出来，也让它离开。

自我疼惜，温柔地和自己在一起

把自己变成天空来容纳每一种情绪，并不是一件简单的事情，至少对我来说并不容易。有些时候，我会发现自己变成了乌云，变成了暴风雨，而这些时候，我们更需要温柔地善待自己。

我非常喜欢克里斯汀·内夫（Kristen Neff）博士提出的"自我疼惜"（Self-Compassion）的概念。自我疼惜有三个重要的元素，第一个元素是对自己仁慈。当我们失败、感到痛苦时，我们能够温柔地对待自己，而不是忽视痛楚或是批评自己。你可以对自己说："对啊，碰到这样的事情的确会让人很难过。""找工作阶段，真的会有许多焦虑啊！"自我疼惜来自坦然接纳自己的不完美，因为人就是不完美的；在不完美之下，我们都值得被爱，值得好好地对待自己。而正在感受痛楚的你，需要温柔地对待自己。

第二个元素，也是这个概念中我最喜欢的，就是认识到痛苦情绪是人类共有的经验。我们感到痛苦时，常常会觉得"只有我一个人这样"，这相当于在痛楚之外又加上了一层孤独。现在，当负面情绪冒出来时，我会这样告诉自己："这是羞愧的感觉，其他人感受到羞愧时，也是这样的感觉。""这是焦虑的感觉，现在这个世界上有许多人跟我一样有这样的感觉。"

这样的练习，让自己在感受痛楚时，多了人与人之间的联结，觉得自己一点都不孤单。

自我疼惜的最后一个元素，就是"觉察"——能够去观察当下正在发生的事情。也就是说，当情绪出现时，你能够觉察到情绪，并且知道情绪只是情绪，情绪并不是全部的你。你让自己成为辽阔的天空，可以容纳情绪暴风雨，可以让暴风雨经过，然后离开。

很多人会误以为，拥有复原力是指不会感受到痛苦，实际上，复原力是指我们有能力建立空间给所有的情绪——给悲伤、给喜悦、给愤怒、给失望、给感激、给痛苦……

我一直都相信，每个人都有足够的内在力量可以帮助自己复原，你已经拥有所有你需要的内在资源与工具。身为一位心理咨询师，我要做的事情就是帮助个案案主进入内心，找到内在资源，让自己复原。

只要我们有能力接纳每一种情绪，那么当任何情绪出现时都是被欢迎的。这样，当你让思绪待在自己的身体里，就可以有在家的感觉。

面对哀悼，学习失去的艺术

2020 年 1 月初，在结束圣诞节假期后，我从中国台湾回到美国，在飞机上看了电影《依然爱丽丝》（*Still Alice*）。电影中的主角爱丽丝是一位杰出的教授和知名语言学家，在五十岁时被诊断出患早发性阿尔茨海默病，开始失去记忆与生活自理能力。

电影中有一个让我印象深刻的情景，是爱丽丝在阿尔茨海默病研讨会上的演讲。在演说一开始，她引用了美国诗人伊丽莎白·毕肖普（Elizabeth Bishop）的诗："失去的艺术并不难驾驭，许多东西似乎本来就是会失去的，所以它们的失去并不是场灾难。"

身为知名学者，"演讲"曾经是爱丽丝生活中重要的一部分，而因为患上阿尔茨海默病，这场演说她必须把演讲稿印出来，每念完一句就用荧光笔画线，不然她会忘记自己已经讲过。爱丽丝说："人生中我努力累积的一切，现在全部都被剥夺了，患上阿尔茨海默病后，我每天都在学习失去的艺术。"

电影结束后，我脑中一直萦绕着这句话："许多东西似乎本来就是会失去的。"而当时的我也完全没预料到，一个多月后会暴发"新冠"疫情，生活一夕之间被翻转，这让我深刻体会到，原来过去认为理所当然的事情——可以轻松地走在人群中、去任何地方、去餐厅用餐、工作中可以和人面对面互动……都是有可能失去的。我们拥有，直到不再拥有，获得与失去是一体的两面，而我们总是在失去后，才意识到原来曾经拥有的一切是如此可贵。

疫情让我学习到失去的艺术，但人生不正是不断学习失去的艺术的过程吗？生命中可能会发生任何事情，把你拥有的东西夺走；不仅如此，所有的改变，就算是好的改变，也都伴随着失去，因为改变代表着过去的消逝；所有的成长也都必然经历失去，每踏入一个新阶段，你都需要放下前一阶段的某些东西。

生命中没有一件事情是永恒的，我们不断地在失去。

不管你现在正在经历哪些失去，我们可以去看见，然后为哀伤命名。

看见失去与哀伤

疫情，让这个世界充满了失去与哀伤。在我交书稿时，全世界已经有超过五千万人确诊感染新冠病毒，超过一百万人死亡。每一个数字都是一个宝贵的生命，我们也一起感受着这样的集体哀伤。

"失去"不仅仅是生命的死亡，但任何形式的"死亡"都是失去。人生中，除了面对挚爱过世外，我们都会经历属于自己版本的"死亡"——失去工作，失去自己辛苦建立的企业，失去婚姻或恋情，失去关系，失去健康，失去住所，失去本来的人生规划，失去对未来的想象，失去对这个世界的信任或安全感，等等。这些都是失去，都需要被哀悼。

长期从事哀悼咨询的心理师大卫·科斯勒（David Kessler）说："我们要先为哀悼命名，因为唯有觉察到这是哀悼，才能让自己开始哀悼。"

很多时候我觉察到哀悼时，内心会冒出质疑的声音："这样的失去够严重吗？我可以感到难过和失望吗？"例如在疫情期间，我常常会告诉自己："跟别人比起来，你的失去根本就不算什么，这有什么好失望和难过的！""比起许多人，你现在已经非常幸运，内心应该充满感激才对！"

我想请你花点时间回想，人生中经历失去时，你的内心是否也会出现这些声音？如果你也觉察到内心出现评价自己的声音，你一点都不孤单。美国社工系教授布琳·布朗解释说："我们在面对痛苦与失去时，很容易拿自己与他人做比较，然后认为自己的痛苦并不严重，就会开始指责自己有消极情绪。"

听到布琳·布朗教授分享时，我感到松了一口气。原来我不是唯一一个会有这样感受的人！我们习惯去比较自己与他人的痛苦，是因为我们误以为同理心是"有限的"——我们把同理心当成一个蛋糕，如果多给自己几块蛋糕，那么能给别人的蛋糕块数就会减少。我们认为：如果给予自己的同理心多了，那么能够给予别人的同理心就会减少。

但是同理心并非"有限"，你可以给自己同理心，也可以同时给别人同理心。你的痛苦与哀伤，是属于你的感受；而别人的痛苦与哀伤，是属于别人的。

就算你觉得自己的痛苦没那么严重，这也是你的感受，它也值得拥有一个空间。同样的，别人的失去也需要被见证，不管你认为这些失去是微小还是巨大，每一个人的哀伤都值得拥有一个空间。

当另一个人在哀悼时，我们可以给予陪伴，但不需要去指导或建议他该怎么做，因为他正在用自己的方式哀悼。你需要做的，是去见证哀伤，给予陪伴。

如同痛苦不能被比较，哀悼的方式也无法被比较。我们常常误以为别人应该要用跟你一样的方式哀悼，而当对方没有这么做时，你可能就会有各种猜想，像是"你为什么没有像我一样难过？""你为什么没有哭？难道他对你不够重要吗？"事实上，哀悼并没有一种"正确"的方法，我们每个人都在用不同的方式哀悼。

哀悼，需要情绪的流动

心理学家伊丽莎白·库伯勒－罗斯（Elisabeth Kübler-Ross）提出了哀伤的五个阶段，分别为否认、愤怒、讨价还价、悲伤、接受。她想让大家知道，哀悼的过程中有这些情绪和反应都是正常的，这些阶段也不是必然的，哀悼不用照着这个顺序走。

哀伤不是问题，不需要"被解决"；哀伤需要的是一个空间让痛苦能够舒展，能够被见证。哀悼需要情绪流动，当我们压抑情绪不去感受时，这些哀伤就被卡住了。

我很喜欢的心理学家苏珊·大卫博士在她的演讲中分享道，

她的父亲过世时，当时十五岁的她假装什么事都没发生，每天笑脸迎人。而为了压住痛苦，她开始暴饮暴食，以此来麻痹自己。直到后来有一位老师给了她一个日记本，鼓励她把任何情绪都写下来，她才开始让哀伤一点一滴地流出来。

面对哀悼，你需要让自己去感受，让情绪流动。社会心理学家詹姆斯·彭尼贝克（James Pennebaker）发现，利用写作来排解消极情绪，对人有积极的影响。如果你想尝试，也可以每天花十到二十分钟的时间自由写作——坦然写下自己的情绪和感受，语句不需要通顺，不用拿给别人看。你也可以写完就把文档删掉，或是把纸撕掉，这是属于你自己的哀伤情绪，你只需要为自己而写。

当然，写作并不是唯一的方式，还有其他许多方式可以让情绪流动：你可以说给信任的亲友或是心理师听，你可以借由绘画、音乐、舞蹈、肢体律动或任何你喜欢的方式去宣泄自己的消极情绪。

哀悼中，也让自己能够感受喜悦

读硕士时，我在当地社区的一个哀悼支持团体当志愿者。每隔两周，这些哀悼中的家庭会聚在一起，彼此分享心情并相互提供支持。记得一次聚会中，有一位丈夫已过世的女士说："这是他过世几个月来，我第一次感到开心，第一次有几分钟的时间，脑中没有想着他离开了。然后我好内疚，没有了他，我怎么能感到喜悦？"

从正在经历哀悼的个案案主身上，我也常常听到他们说，在哀悼的过程中，好像拥有正面情绪就是不对的。

这个社会喜欢把事情简化——好或坏、对或错、正面或负面，我们喜欢用二分法去做分类。但是人很复杂，情绪也很复杂，而我们可以练习抱持着"两者都是"（Both/And）的态度：快乐和痛苦、喜悦和悲伤，不同的情绪可以同时存在。当你在哀悼时，要给悲伤留出空间，也需要给喜悦、感激或其他情绪留出空间。

当这个世界充满悲伤时，我们也可以做让自己感到快乐的事情。喜悦与感激并不会夺走悲伤的空间。布琳·布朗教授说过："当我们对于自己所拥有的东西充满感激时，才能真正理解别人失去的东西对他们而言有多重要。"

我们如何看待死亡，我们就会如何看待生命。恐惧并不会阻挡死亡的来临，但恐惧会阻挡你真实地活着。爱与失去是一体的，如果我们因为害怕而不敢面对失去带来的痛苦，那我们相当于选择了一个没有爱的人生。

在人生道路上，我们要不断学习失去的艺术，让自己与别人的哀伤都能被见证。然后，对自己和别人多一点宽容。

好好倾听，内疚在告诉你什么

在写这篇稿子的几周前，我的博士指导教授打电话给我，我们聊了彼此的近况，以及我担任教职满一年的经验和心情。我笑着跟她说，过去这一年，我非常努力地练习去改正那些读博士过程中所建立的"陋习"——总是在工作；不知道怎么拒绝或建立界线；觉得满足别人的需求更重要，因为心中的内疚感总是对我大喊："你应该做这件事！"

博士毕业后，我终于有比较多的精力去面对和处理内疚感。对我来说，内疚是一种非常熟悉的情绪，就像一位老朋友一样。在咨询室中，我也常常听到个案案主们谈到内疚感：

"当教授请我做这件事情时，我一点都不想答应，但是拒绝让我觉得很内疚，所以只好答应。"

"我妹妹有酒瘾，我妈妈每天都很忧郁，我爸妈每次都给我打电话，跟我说妹妹又怎么了，但我都不想接电话。听那些重复的事让我很厌烦，但不理会他们，又让我很内疚。"

"我在离家这么远的地方工作，无法照顾父母，我觉得很内疚。"

不仅仅是对事情感到内疚，我也常常听到个案案主们分享他们对于拥有某些情绪感到很内疚，例如感到悲伤、焦虑、难受时，心中内疚的声音就会冒出来说："你应该要感激才对，不应该有这些感觉！"

研究显示，一般来说，人们一天约花两个小时感受轻微的内疚感，一周花五个小时感受中等程度的内疚，一个月约花三个半小时感受重度的内疚。这样看起来，内疚的确是一种非常普遍的情绪。不知道对你来说，内疚是不是也很熟悉呢？请你花一点时间想一想，你心中常常有哪些内疚声音？你会对哪些事情感到内疚呢？如果你愿意，请把这些内疚的声音写下来。

其实，内疚是一种非常重要的情绪，让我们知道自己可能做错事了或伤害了别人，或是自己的行为与自己的价值观不符。内疚情绪让我们想去道歉、修正行为以及弥补过失。

例如，你本来预计要完成一份报告，但却花了两个小时浏览社交网站，你的内疚感可能会让你重新思考如何才能更有效地工作，或是赶紧规划另一段时间把报告写完，交给老板。或者，你对朋友说出了伤人的话，内疚感促使你想真挚地向对方道歉，并且思考之后该如何说话。这些内疚感很重要，能帮助我们维持人际关系，让我们的行为与内心价值观相符。通常在你道歉或是弥补过失后，内疚感就会降低或消失。

但是，某些内疚却很难消除，像个枷锁一样牢牢地套住你，几个月、几年，对有些人来说甚至是一辈子。

不健康的内疚，就像毒药一样

美国心理师盖伊·温奇（Guy Winch）博士解释，健康的内疚情绪让我们在做错事后能够进行弥补、改正，但是不健康的内疚就像毒药一样，不断侵蚀我们。不健康的内疚包含了"幸存者内疚"与"分离内疚"，而这两种内疚，都与人际关系有关。

战争、悲剧、意外事件中的幸存者，常常会陷入"为什么别人离开了，自己却活了下来"的幸存者内疚情绪，这样的内疚让他们无法好好活着；因为活着，似乎是对亡者的背叛。

除了重大事件外，日常生活中我们也可能产生幸存者内疚情绪——当我们发现自己比别人幸运，在别人受苦时自己却过得还不错时，你就可能感到内疚。例如在疫情期间，我听到许多人都有过幸存者内疚感，因为当世界各地有很多人因为疫情失去工作、失去住所、失去健康、失去挚爱，而你拥有许多资源，过得还不错，这时就可能感到内疚。

另一种像毒药般的内疚称作"分离内疚"。当你争取自己想要的生活，需要放下其他人时，就可能会产生分离内疚。例如你为了追寻自己的理想出国念书，但是家人和伴侣都反对，希望你可以留在国内，这让你觉得很内疚；或是你在海外工作，无法照顾生病的家人，你也会感到内疚；或者出差、旅游时，你因抛下伴侣与孩子而感到内疚，这让你无法好好享受这趟旅途。总而言之，当自己所做的决定不符合周遭的人对自己的期待时，就可能产生分离内疚感。

正常的内疚感能传递有价值的信息，告诉你做错事了，但幸存者内疚与分离内疚最怪异之处就是，我们其实并没有真正做错事情，所以也无法道歉或做出弥补行为。这样的内疚就像一个坏掉的警报器，不断地"哔哔"作响，告诉你："你做错了！"让我们无法专注于生活，或是觉得自己"不值得拥有这些，不值得过得好"，甚至认为应该惩罚自己才是。

听听内疚传递的信息

我常告诉一些个案案主："情绪是资料，每种情绪都在传递信息给我们，包括内疚也是。请你回去阅读之前写下的内疚声音，想一想这些内疚在告诉你什么？"

你的每一种内疚声音，其实都在告诉你，有些事情对你很重要。

如果你在独自外出时觉得抛下伴侣和孩子让你很内疚，这表示亲密关系对你来说非常重要，你可能需要找个机会让你和伴侣或孩子好好建立联结；如果你对自己所拥有的资源和特权感到内疚，表示你意识到这个社会存在着许多不公正，你认为每个人都应该拥有足够的资源；如果你因为说出伤害他人的话而感到内疚，表示你很重视人与人之间的相处，你知道每个人都应该被尊重。

当我们仔细倾听内疚的声音，就能更理解自己，认识自己的价值观。

另外，有些内疚的声音可能来自原生家庭和社会的价值观。例如说，如果成长过程中你被教导"别人的需求比你自己的需求重要"，那么，在拒绝别人的要求时，你就可能感到内疚。或者，身为女性，你可能从社会或家庭中接收到许多"女性应该牺牲自己"的思想，这些深植于脑中的"女性角色与期待"，让你对追求自己的理想感到内疚。

面对这些内疚的声音，你可以去检视：这些内疚声音是从哪里来的呢？

好好倾听内疚，也能让我们看见自己的另一面，尤其是那些没那么光鲜亮丽、很想要隐藏的部分。我们可以练习接纳自己的不完美——我有缺点，也有局限，没办法做好每件别人期待我做的事情，我也需要休息，需要建立界线。我们都是不完美的人，都值得被尊重、被爱。

将内疚转化为感激，采取行动

那么，产生内疚感时，我们该怎么办？

佛教学者图登·京巴（Thupten Jinpa）博士曾说道："当陷入内疚情绪时，我们会变得非常以自我为中心，因为内疚让焦点变成了'我、我、我'，就好像世界缩小到只剩下自己。"

这句话让我恍然大悟，回想自己掉进内疚深井时的状态，的确就只想着"我"。内疚触发了羞愧感，让我觉得自己很糟糕，这些情绪让我很想躲起来。这时候，我只能看到自己，非常以自我为中心，考虑不到别人；我的世界缩小到只剩井口上的那一小片天空。

在这种时候，我们其实可以帮助自己"拓宽世界"，也就是将内疚转化为感激。

不管是幸存者内疚还是分离内疚，我们都需要先意识到并承认自己真的很幸运——拥有足够多的资源、能够有所选择、可以追求自己想要的人生、做自己想做的事情，这些都是非常幸运的事情。请你花一点时间去感受这些感激情绪，去觉察"感激"这种情绪在身体的哪里？是什么感觉？然后，让自己和"感激"这种情绪待在一起。

内疚让我们缩进自己的世界里，而感激给予我们能量，让我们可以采取行动，拓宽自己的世界，开始向外延伸到他人。你可以试着将感激化为行动，去尽自己的力量改变社会上的不公正，在自己能力范围内分享资源帮助他人，或是去感谢那些帮助你实现人生目标的人，或是用自己的专业技能去帮助其他人……

我们每个人一生中都会经历内疚，有些很轻微，有些很沉重。每个内疚的声音都是在传递信息，告诉你哪些事情对你来说很重要。幸存者内疚和分离内疚都是很沉重的情绪包袱。你可以去看见它，为它命名，然后慢慢将它转化成其他积极的情绪，例如感激。

让自己好好地去感受感激与幸运，然后，把感激化为行动，继续往前走。

欢迎那些不被欢迎的——来抱怨吧

2020 年疫情期间，我在网络上读到许多文章，教导大家在疫情中如何保持正能量、如何反思、学习感激等等。我很感谢这些文章给我带来启发，帮助我面对疫情。有一次，我读到了我非常喜爱的心理治疗师埃丝特·佩瑞尔（Esther Perel）的文章，文章主题是"抱怨的喜悦"。她说，现在是该谈论抱怨的时候了，我们来好好抱怨吧！

看到这篇文章的主题时，我先是愣了一下，接着觉察到心中产生的各种反应：我可以抱怨吗？我有资格抱怨吗？我已经很幸运了，应该充满感激才对，怎么可以抱怨？如果我抱怨，别人会怎么看待我？

你听到"抱怨"这两个字时，有什么感觉或反应呢？会联想到什么？

列一张抱怨清单

我一听到"抱怨"两个字，脑中出现的第一句话是"不要抱怨！"

从小到大，身边的大人们总是教导我们不要抱怨，他们认为抱怨是不好的。当我去网络上搜寻"抱怨"两个字时，出现的文章也都是"成功的人不会抱怨""如何让抱怨远离你"之类的。

很有趣的是，许多文化和语言中都有"抱怨"这个词，犹太人使用的意第绪语（Yiddish），甚至有十种词汇来描述抱怨。把心中的负面情绪发泄出来，这样的行为似乎对于不同国家、不同文化背景的人们都非常普遍。

如果你愿意，我们来花一点时间抱怨吧！在你最近的生活中有哪些想抱怨的事情呢？请你拿出纸笔，给自己十分钟的时间，尽情地在纸上写下心中所有的抱怨。这个抱怨清单不用给别人看，你也可以写完后就撕掉。

在写这一节时，我也停下来，在纸上写下抱怨。以下是我写下的其中几个想抱怨的事：

"我受够了疫情生活！这样的生活到底要持续到什么时候？"

"我不想在线教课……"

"为什么这么多人不愿意戴口罩？戴口罩是为了保护别人，你们为什么不替别人着想？"

"这个地区的领导者如果相信科学，就不会错失防疫黄金期，如果疫情刚暴发时大家愿意戴口罩，我们现在根本不用过这样的生活！"

"我不想改书稿！"

这些是我写下的几项想抱怨的事。你写下了什么？在写的过程中，你觉察到了什么？有哪些情绪？表达抱怨对你来说是件困难的事情吗？

让抱怨存在

我写下的最后一项想抱怨的事是"我不想改书稿！"这是我在修改这份书稿时加进去的。不管是学术期刊的投稿文章还是书稿，对我来说最难受的时候，就是收到修改意见时——每次阅读修改意见就像是被重重一击，让我只想攻击回去："我写得有这么糟吗？""这些评论与建议根本没道理啊！"

记得读博士的第一学期，有一门课谈论了学术文章投稿的过程。教授说："当你们收到编辑的修改意见时，会深受打击，心会很痛！找人好好抱怨一番，发泄一下情绪，然后把稿子先放着，过一阵子再打开。"

当时教授的建议，我一直记在心中，直到后来开始向学术期刊投稿和写书时，发现这个方法真的很有帮助。所以，每次读完编辑的修改意见后，我都要找好朋友抱怨——发泄心中的消极情绪。抱怨完之后，心情平稳许多，几天后再重读修改意见，内心就有空间去真正接纳这些建议，看见那些编辑帮我找出来而我自己看不到的写作问题。

写这本书当然也不例外，我需要找人抱怨，把内心的情绪发泄出来，然后才有空间容纳新的东西。

"向别人抱怨"及"倾听别人的抱怨"，都是生活中常遇见的事情。有时候我们向别人抱怨，可能换来对方冷冷地回复："你知道自己有多幸运吗？不要抱怨了！"或者角色对调，你已经听朋友、家人或伴侣不断抱怨到很厌烦了，想对他大吼："你什么都不改变，只会一直抱怨！不要再抱怨了！"

生活中总是会遇到挫折、不如意的事情，我们不可能无时无刻都充满感激或正能量，偶尔也需要有个空间好好抱怨一下。

有个人可以听你抱怨，是很重要的。当我想抱怨时，我会找信任的朋友说："我现在很需要抱怨，我不需要你帮我解决问题或给出建议，你可以给我一个空间让我抱怨吗？"偶尔，朋友也需要抱怨，而我知道我要做的事情就是听他说就好——他需要的，只是一个可以抱怨的空间。

抱怨在告诉你什么

我想请你回去读你写下的抱怨清单，然后闭上双眼，想象你正撑起一个空间，每件令人感到不开心的事都可以安放在这里。让这些抱怨舒展摊开，然后请你慢慢地靠近每一个抱怨……你觉得这个抱怨在告诉你什么？

去接近抱怨后，我看到了在抱怨后面躲着的其他情绪。例如我抱怨在线上课，而这个抱怨后面藏着的是内心的不安。我的教职工作才进入第二年，还没有太多教学经验，加上英文不是母语，课堂上我有时候会漏听学生的发言，或是觉得自己说不清楚，在线上课让我更害怕自己教不好。而我抱怨编辑给的修改意见，这个抱怨后面躲着的是"觉得自己不够好"的羞愧感。当我们进入攻击模式，例如指责别人或抱怨时，就是因为别人碰触到了自己的不完美和脆弱面。

当我能够和抱怨好好相处时，我才有机会看见躲在抱怨后面的脆弱。或许每一个人的攻击行为和抱怨的背后，也都躲着羞愧、不安，或是觉得自己不够好的脆弱面。

美国耶鲁大学教授马克·布雷克特（Marc Brackett）在他的著作《释放情感的力量》（*Permission to Feel*）中说："情绪，就是来自我们内心的新闻报道。"我非常喜欢这个比喻。情绪就是信息，如同我们看新闻去了解外在世界发生什么事情，我们也需要去看内心的新闻报道，去觉察和辨认情绪，然后分析这些情绪正在传递什么信息给我们。

每一种情绪都是信息，负面情绪尤其重要。愤怒在跟你说你被侵犯了，或是有不公平的事情发生了；恐惧跟你说有危险；悲伤说你失去了重要的东西；失望告诉你，本来期待的事情没有发生；羡慕告诉你，你也想拥有那些别人有的东西；嫉妒是一种恐惧，你怕失去对你重要的人、事、物；孤独告诉你，你需要被看见，与人联结；压力说你背负了许多来自外界的期待，以及别人加诸在你身上的要求……

而你的抱怨在告诉你什么？背后躲着哪些情绪呢？这些情绪又是在说些什么？

欢迎那些不被欢迎的

美国藏传佛教老师佩玛·丘卓（Pema Chodron）的好几本

著作都是我的床头书，偶尔睡前会翻阅，回顾一些段落与句子。我很喜欢其中一本书名，叫作《欢迎那些不被欢迎的》（*Welcome the Unwelcoming*），这本书不断提醒我：去接纳、欢迎生命中那些痛楚与负面情绪。

书中有一篇文章题为《失败的艺术》，她写道："正是当我们失败、生活不如预期时，我们才能去碰触内心的脆弱面和赤裸的情绪。而正是借由和赤裸的痛楚靠近，我们才能成长，才能更多地理解别人的脆弱与痛。当你开心、一切顺遂时，并不会想改变或成长；与'不舒服'相处，才能让我们改变。"

我们在面对负面情绪时，最常做的事情是逃避，但复原力来自我们能够去欢迎那些不被欢迎的——痛苦、脆弱、羞愧、不完美。佩玛·丘卓在书中介绍了一个我很喜欢的方法：与其把痛苦赶走，我们可以练习在每一次吸气时，想象你把那些"不被欢迎"的情绪吸进内心；你将心胸打开，欢迎这些痛楚和脆弱进来，然后让这些赤裸的感受碰触你，你不需要做任何事情，和它待在一起就好。

如果你愿意，可以让自己的心胸更开阔。在吸气时，不仅仅是吸入自己的痛楚，也一并吸入这个世界上其他人正在感受的痛苦。让你的痛苦与其他人的痛苦联结，因为，感受痛苦与负面情绪，就是生活的一部分。有这些情绪，代表我们真实地活着，让我们一起感受活着的感觉。

接着，吐气时，想象你把你所想要的，像是喜悦、快乐、爱、平静、健康，随着吐气散播出去，分享给世界上正在挣扎的人。你想要感到喜悦，我也是，世界上每个人都跟我们一样。

每当负面情绪出现时，我会试着做这个呼吸练习，帮助自己接纳痛楚。当世界上许多人正在经历痛楚时，我也会做这个练习，想象我吸入他们的痛苦，然后吐气时把喜悦与平静传递给他们。

让我们一起练习，去欢迎那些不被欢迎的情绪。

倾听没有语言的声音——身体在告诉你什么

"我不知道我有什么情绪，该怎么办？"在咨询室中，许多个案案主这么说。

对于很多人，学习情绪就像是学习一个全新的语言，需要重新建立情绪词汇。我常常跟个案案主解释，情绪是身体感受，所以你可以从觉察和描述身体有哪些感觉开始，例如"我觉察到我现在胸口很沉重""我觉察到我的脸颊胀热，头晕目眩""我觉察到我的胃在紧缩"。

听，身体有话要说

复原力储藏在身体里。我们的身体是一个很大的容器，储存了非常多的情绪与记忆，也不断传递信息告诉你现在发生了什么事。十三世纪的诗人鲁米（Rumi）说："有一种声音没有使用语言。仔细听！"你有仔细倾听身体跟你说的话吗？

一直以来，你的身体都在跟你说话，但你可能都没倾听过。我们可以从现在开始练习倾听身体的声音——这个没有语言的声音。

邀请你花几分钟时间，把眼睛闭上，去觉察当下，你的身体有哪些感受？这些感受在哪些部位呢？你可以将手放在有感受的部位。若你觉察到肩膀很沉重，就轻轻将手放在肩膀上，然后慢慢深呼吸，每一次吸气，想象你把空气吸进了肩膀，让那里的空间慢慢扩大。

再来，想象一下，如果用一个图像、形状或颜色来代表这个感受，那会是什么？这个颜色或图案会有多小或多大？如果有个声音可以描绘这种感受，会是什么声音？有多大声？声音出现得有多频繁？如果这个身体感受可以在你身上流动，你觉得它会怎么流动？如果你现在能够让身体摆动，请让自己按照这个感受在你身上流动的方式，让身体自由地动起来。

这是我在咨询室中常常带个案案主做的练习。复原力不仅仅来自语言表达，更来自你能够建立一个空间，容纳每一种感受。不管程度轻微或剧烈，你知道这个空间都装得下。我们的身体就是这个容器，不管什么样的感受，你的身体都装得下、承受得住。

而倾听我们的身体信息，可以从认识神经系统开始。

和神经系统做朋友

自主神经系统（植物神经系统）是调节我们内脏运作的重要系统，它调控着各种器官如心脏、肠胃、膀胱等的运作，让我们在面对不同环境时可以做改变，帮助我们存活。例如当我们紧张时，心跳就会加快，这时消化功能就会降低，因为身体需要把能量放在应对外界的威胁与危险上。

当然，神经系统非常复杂，我们只要知道简单的概念就好。心理学家史蒂芬·波戈斯（Stephen Porges）博士创建了"多重迷走神经理论"（The Poly-Vagal Theory），据他解释，我们的自主神经系统会依据周遭环境是否安全做出三个阶段的回应。

而美国临床社工师黛比·丹娜（Deb Dana）用了"梯子"的概念来比喻这三个阶段，我觉得非常浅显易懂。

如图 2–1 所示，当我们感到安全时，会待在神经系统梯子最上层的"社会联结"阶段。在最上层时，你觉得很平稳，可以思考，可以与人联结。

当你感受到威胁时，就会移到梯子的中间层。在这里，你的神经系统进入"战斗或逃跑"状态，身体开始释放压力激素，让你心跳加速、肌肉紧绷，准备好面对危险。

当威胁太剧烈或是你觉得被困住无法反击或逃跑时，就会掉到梯子的最底层。这时，你的神经系统进入"关闭或冻结"状态，你觉得全身无力，身体的开关好像被关掉了。

图 2-1　神经系统梯子

去侦测周围是否安全的是我们的"神经觉"（neuroception）。神经觉是潜意识的，并不是由你的大脑仔细思考之后判断出是否有威胁（自主神经系统的调节是不受大脑控制的）。你可能有过这样的经验：第一次见到某个人时，突然觉得不安全，正是因为你的神经觉从这个人身上侦测到威胁的信号，让你进入梯子中间层。

我们每一天其实都在这个神经系统梯子上来回移动。你可能发现早上起床时全身沉重无力，当时在梯子的最底层；喝完咖啡后，进入工作状态，你回到梯子最上层，能够思考且有效率地工作；中午过后，你发现工作清单上累积太多事，让你掉到梯子的中间层，你开始觉得烦躁、全身紧绷。

如果你愿意，可以试着在一天当中偶尔暂停下来，去觉察自己位于梯子的哪一层？

神经系统不是敌人，而是我们非常好的朋友，因为它帮助我们存活、应对危险。当你交朋友时，你会想要好好认识对方，去倾听和了解对方。同样的，我们也需要认识自己的神经系统。

神经系统梯子

你可以花一点时间完成表 2-1，想一想，哪些事情会让你待在最上层？或是掉到中间层或最下层？以及在每一层中，你有哪些情绪和感受?

　　神经系统帮助我们应对每一天的压力,我们需要暂停下来,帮助自己回到最上层。花一点时间想一想,一天当中你可以做哪些事(不管是自己做或是跟别人一起做)来帮助你的神经系统做调节,让你回到最上层呢?

你在神经系统梯子的哪里

　　每一天,你的神经系统都跟着你一起应对各种情境与挑战,而你必须觉察到自己正位于梯子的哪一层。当你无法觉察时,你就会处于"陷入"状态,被状态掌控。通过觉察能够让你看见自己的状态,让你变成观察者,和自己的状态共处。

　　"陷入"状态中的你没有掌控权,但成为观察者的你,就可以开始做改变。

　　当外在世界充满焦虑和混乱时,我们更需要经常暂停下来,去观察自己正在神经系统梯子的哪里?

　　我常使用的方式是帮自己设闹钟,让我工作时每隔一段时间就可以暂停下来,做深呼吸,伸展身体,帮助我的神经系统做调节,让我回到最上层。

表 2-1 神经系统梯子觉察记录

各层的反应与意义	情境／事件	有哪些身体状态或想法
最上层：社会联结	哪些事情可以让你待在最上层	☐能够清晰思考、做决定 ☐感到平静 ☐身体放松 ☐拥有好奇心 ☐有自信 ☐对人、事、物充满兴趣 ☐可以学习 ☐能够专注 ☐觉得与人有联结 写下其他你在梯子最上层的状态
中间层：战斗或逃跑	什么事情会让你掉到中间层	☐心跳加快、呼吸加速 ☐身体紧绷 ☐大脑中想法停不下来 ☐很焦虑、紧张 ☐感到恐慌 ☐焦躁不安 ☐感到易怒 ☐想要逃跑 ☐用言语或是肢体攻击人 ☐无法放松或入睡 ☐觉得世界很危险 写下其他你在梯子中间层的状态
最底层：关闭或冻结	什么事情会让你掉到最底层	☐觉得身体好像无法动弹 ☐感到很无助 ☐绝望 ☐感到麻痹或空虚 ☐无法思考 ☐觉得整个人好像被关闭了 ☐感到忧郁 ☐失去兴趣或热忱 ☐觉得身体沉重无力 ☐觉得身心分离 ☐觉得孤独 ☐觉得没有人爱我、关心我 写下其他你在梯子最底层的状态

回到最上层的方法有很多，最简单的就是腹式呼吸——吸气时腹部胀起来，吐气时肚子缩进去。我常常指导个案案主，

吐气时间是吸气时间的两倍，例如吸气四秒，吐气就要八秒，因为吐气这个动作可以让你感到安全。

你可以思考如何在每天生活中"喊暂停"，帮助自己调节神经系统，例如你可以把暂停时间与每天的作息相结合。如果你是一位医护人员，每次你走出一间病房时，就做三次深呼吸；如果你的工作需要大量地接电话，你可以试着在每一次挂掉电话后，做三次深呼吸。

每当我觉察到身体进入中间层（战斗或逃跑）或最底层（关闭或冻结）时，我都会说："我的身体是为了帮助我，所以产生这样的压力反应。谢谢神经系统帮助我。"然后我会赤脚踏在地上，去感受脚底板和地面接触的感觉，感受自己稳稳地和地面接触，然后告诉自己："你现在在这里，你很安全。"

我们生活在一个信息爆炸的时代，网络为我们的生活带来许多便利，但也带来许多焦虑与恐慌。每天被新闻或社交网站的信息轰炸，都可能让你的神经系统掉到梯子中间层或最底层。当外在世界越快速、越混乱时，我们越需要让自己慢下来——慢慢呼吸、慢慢说话、慢慢做回应。

每天要给自己许多暂停的时间，去帮助自己的神经系统做调节，因为复原力来自你的身体，来自呼吸与律动。

身体只能活在当下，因为我们的大脑常常飞到了未来或回到了过去，所以带回许多焦虑、恐惧与忧郁。你可以练习帮助自己回到当下，回到你的身体里——此时、此刻，你在这里，你活在这个当下，你很安全。

复原力在身体里，我们每个人都可以去和神经系统做朋友，然后好好利用这个藏在你身体里的复原力。

向孤独靠近，练习和自己相处

2019 年 5 月，住在夏威夷的三十五岁瑜珈老师阿曼达·埃勒（Amanda Eller）一个人到山中健行。那天，她的车停在登山口，心想这只是一趟轻松简单的健行，所以把手机和水壶都放在了车子里。但是，她在登山过程中找不到方向，迷失在深山里。十七天后，救援队终于找到她。

"我看到救援直升机时，我嘴里还咬着植物，这是我本来计划的晚餐。"埃勒在一场记者会上分享。

在观看记者会影片时，我心里不断想着："十七天，她是怎么在森林中存活的？"

埃勒说："我没有手机，也没有指南针，我唯一有的，就只剩下我的内心——我的直觉。所以我开始倾听内心的指引。

往左走？往右走？要不要吃这个植物。要不要喝这里的水？都听从内心的指引。一开始的几天，我内心充满着受害者心态，尤其看到好几次救援直升机飞过却没看到我，让我很想放弃。而后来，我接纳了我的处境，然后我选择要活下来。"

"有一天，我突然意识到，我必须清空脑中的各种思绪，完全专注于当下，专注每个当下我的脚踩在哪里、我站在哪里，因为稍微不注意，我就可能会扭伤脚、割伤自己或掉下悬崖，这都可能让我离存活更远一步。我意识到，每时每刻我都在做选择。我选择要活下来。"

在听埃勒分享时，我感到非常震撼。让我最感动的，是她提到某个夜晚，突然间有暴洪，她坐在约三十厘米的水中，虽然知道这座山离海并不近，但还是很担心如果大水一冲，她会不会就被冲到海里。埃勒描述："那个当下，我不再拥有外在世界的任何东西，唯一剩下的，就是我的内心，所以我开始冥想，这带给我很大的平静感。"

当生命把你所拥有的外在的东西一层又一层地剥开，最后，你就只剩下最赤裸的自己、你的内心。没有多余的事物让你分心，这样和最赤裸又真实的自己待在一起，是什么感觉？

上一次你和真实的自己待在一起，是什么时候呢？

面对孤独，你可以选择逃避或是靠近

我一直是个非常喜欢独处，也很需要独处的人。一个人阅读、思考、写作、散步、欣赏大自然，让我感到很放松。身为一位内向者，我在独处中充电，我也从来不担心自己会害怕独处或感到孤独。所以我完全没预料到，在 2020 年疫情期间，我也会有一段时间感受到强烈的孤独感。

那时我刚回到美国，从中国台湾正常的生活到美国疫情封城状态，突然间少了家人与朋友的围绕，再加上新学期尚未开始，没有忙碌的工作来填补生活。有大约两周的时间，我感到非常孤独——那是一种整个人在漂浮、身体很空、好像重心消失了的感觉。后来我和一位也在海外工作的朋友聊天，我们聊到了孤独的感受。对，就是那种很空的感觉！这样的感受很不舒服，很令人害怕。

我想到了阿曼达·埃勒在深山中和自己相处了十七天，以及她提到的暴洪那一晚——当外在的所有事物都消失了，我们唯一剩下的就是自己的内心。于是，我也想知道：如果不推开孤独，而是向孤独的感受靠近，和自己赤裸的内心与情绪待在一起，会是什么样子？

曾经在书上读过一个笑话：有两位天神在讨论要把宝藏藏

在哪里，才不会被人类找到。他们提议了好几个地点，都觉得很容易被发现。最后一位天神说："那就把宝藏藏在人类的内心吧，那里不会有人去找的！"

这虽然是个笑话，但是非常真实。我们的内心有一个辽阔的世界，却很少有人愿意走进去。这个社会训练我们把注意力放在外在世界——到各处去旅行、到景点拍照打卡、品尝各式各样的美食、参加各种聚会活动……如果我们也用探索外在世界的热忱去探索自己的内在世界，会是什么样子呢？你的内心世界里有什么？有哪些建筑物？有什么样的风景？有哪些人？又有哪些声音？

你的内心有个非常辽阔的世界，等着你去探索。你的每一种情绪——悲伤、喜悦、痛苦、失望、心碎、愤怒……都是邀请你进入内心世界的邀请函，你可以让这些情绪带领你走进内心。

要走入内心世界，首先要让自己慢下来、停下来，花些时间和自己待在一起。

独处，就是能够和自己的所有部分相处

我们会想要和喜欢的人相处，那么，你喜欢自己吗？你喜

欢待在自己身边吗？

在咨询室中，我听到许多个案案主说："我讨厌自己！"他们讨厌自己的情绪、想法、行为，不愿意看到镜子中的自己，或是讨厌镜子中的那个人。而我们讨厌自己时，当然就不会想和自己相处。

或许，你也讨厌自己的某些部分，例如情绪、想法、行为。或许是对自己不够满意，觉得自己不够好、不够聪明、不够有成就、身材不够好、长得不好看、没有价值、什么都做不好、没有人爱等等。于是，你想尽办法要把讨厌的部分推开：努力获得财富与地位、取得高学历和成就、努力装扮自己的外表，或是用其他各种方式让自己不用看见那些讨厌的部分，例如忙碌、沉迷社交网站、看手机、网购、暴饮暴食、追剧、药物或酒精成瘾……

专门治疗成瘾行为的专家盖伯·麦特（Gabor Maté）医师在他的书中引用了佛教中的"饿鬼"做比喻。饿鬼有很大的肚子、细长的脖子，不管怎么吃都填不饱肚子。麦特医师说，这个社会有许多人就像饿鬼一样，不断想拿外在的物质、名利、权力来填补内心的空洞。但是，外在的物质永远填不满内心的空洞，要填补内心，你就必须走进内心。

走入自己的内心，代表着你要面对自己内在的各个部分——那些光鲜亮丽、你引以为傲的部分，以及那些你讨厌恐惧的、想要推开的部分。能够和自己相处，并不是要去改变那些你讨厌的部分，而是去改变你和这些部分之间的关系。

例如，有一部分的你觉得"我永远不够好"，因而带着许多羞愧，你可以把这部分的你想象成一个小孩子，然后你是这位"羞愧小孩"的家长。因为小孩有许多行为问题，你不敢带他出门，怕他在外行为失控让你很丢脸，所以你每天都把他关在家里。但上班时，你担心这个孩子会不会自己跑出门，于是你决定不上班了，每天待在家里监控他。每次这个孩子靠近你时，你总是对他大吼大叫，要他走开。有一天你受不了了，决定把他锁在房间里，然后时不时地，你会去检查房间门锁……

当然，这是有点极端的比喻，但这正是我们许多人和自己的情绪与想法之间的关系——我们吼骂它们、试图忽略它们、想尽办法把它们关起来或赶走。这样的关系也影响着你每天的生活，因为你花很多精力在对抗这些情绪和想法上，让你筋疲力尽。

重新去爱你内心的孩子

面对内心的情绪或想法，你不需要去改变它们，你要做的是去改变你和它们之间的关系。你的内心可能有好几位孩子，携带着许多痛楚情绪，而现在你可以做的，就是重新去爱这些内在小孩。

例如，当这位羞愧的孩子靠近你时，你可以温柔地抱着他，告诉他："我知道你现在一定很难受，有我在，我会在这里陪你。"你可以去倾听与理解这个孩子需要什么？当孩子觉得被理解后，他的行为问题就减少了。你开始愿意带他出门，因为你们之间有了信任，你知道如何与他沟通并安抚他。而省下了对抗他的力气，你就多出许多心力可以好好地生活。

这是美国心理治疗师里查·施瓦兹（Richard Schwartz）博士所创建的内在家庭系统治疗（Internal Family System Therapy）理论，也是我在提供咨询服务时主要用的治疗方法。你可以去和自己内在的不同情绪或想法建立良好的关系，我们每个人都有能力做到。

也因为学习了内在家庭系统治疗，我理解到：原来，所谓的爱自己、和自己相处，就是去和自己内在的每一个部分建立温柔的关系。每个部分的自己都是被欢迎的，不需要去推开或改变他，而是去靠近、去理解、去接纳。

于是，当我向孤独情绪靠近时，我理解到："孤独"需要的是我的陪伴。我不需要逃开，我要做的是好好陪着它，告诉它："我在这里，我会陪着你，你不孤单。"

正念心理学家乔·卡巴金（Jon Kabat-Zinn）博士有一本我很喜欢的书叫作《身在，心在》（*Wherever You Go, There You Are*），原文直译成中文的意思就是"不管你到哪里，你就在那里"。这个书名让我思考许久。我们常常觉得只要换个工作、搬到不同的城市、换个地点，这样就可以做出改变。但是，不管你到哪里，不管外在环境如何改变，你还是带着你自己。

人生道路中，我们会遇见很多人，但"自己"才是那个会陪伴你最久的人。如果可以好好爱自己，享受自己的陪伴，那么在这趟人生旅程中你就不会感到孤单。而爱自己、喜欢自己、能够和自己独处，就是能够爱你内在的每一个部分，包括那些黑暗的、赤裸的、痛苦的，你一直不敢面对、碰触的部分。

也唯有当我们能够接纳自己所有的部分时，我们才能够真正地接纳别人。

Chapter 3

复原力在大脑里

每一天，去觉察大脑编剧家编的故事，
不需要去改变或反驳，就让想法冒出来，
跟他们说声谢谢，然后让他们离开。

面对失败——这是挑战，还是威胁

建立复原力有个重要的基础，就是我们如何看待失败。

你如何看待失败呢？当自己或别人经历挫败时，你通常会有什么反应？

心理学家盖伊·温奇博士在他的著作《情绪急救》（*Emotional First Aid*）中提到了一个很有意思的情境：想象一下现在有四个两岁的孩子，各自在玩同样的玩具。这个玩具是个盒子，里面有一只可爱的泰迪熊，而让泰迪熊弹跳出来的方式，是孩子必须把盒子上的按钮从右侧滑到左侧，但是对两岁的孩子来说，滑动按钮是个比较困难的动作。

让泰迪熊跳出来

第一个孩子按了一下按钮，没有动静，于是她又用力敲了敲按钮，盒子滚到远一点的地方。这个小女孩伸手要去拿盒子，但对她来说盒子距离太远，拿不到，于是她转过身，玩起了她的尿布。

第二个小男孩按了按钮很多次，但都没有让泰迪熊跳出来。他坐在盒子边，盯着盒子看，嘴唇颤抖着。

第三个孩子先试着把盒子打开，然后开始尝试按按钮。几分钟后，她滑动了按钮，盒子被成功打开，泰迪熊蹦了出来。这个小女孩笑了，她把泰迪熊压回盒子里，再次滑动按钮，然后持续地玩。

第四个孩子看到第三个小女孩成功地打开了盒子，他的脸开始涨红，把手中的盒子用力摔到地上，然后大哭起来。

读完这个故事，你现在心中有什么情绪或想法呢？

我有一对现在正好两岁的双胞胎侄子，在读到这个故事时，我脑中浮现出他们在尝试玩这个玩具的可爱身影，想象着他们会如何回应。如果他们因为失败而放弃尝试，或是开始大哭，我会过去跟他们说："失败很正常，我们再继续试试看好吗？姑姑在这里陪你一起。"

再想象一下时间过了三十年，这四个孩子都成为大人了，他们在面对失败时，又会是什么样子？

如同这四个孩子，我们面对失败时的回应也很类似。失败经验可能让我们觉得成功遥不可及，于是你很快就放弃了，就像第一个孩子伸手后觉得自己拿不到盒子，就开始做其他事情。失败经验可能让你觉得很无助，于是你放弃再次尝试，如同第二个孩子盯着盒子看，嘴巴颤抖着。有些人会像第三个孩子一样，不断尝试，直到成功。而有些人则像最后一个孩子一样，看到别人的成功，内心产生许多压力，自己还没尝试就觉得会失败，于是陷入压力或消极情绪中。

请你花点时间反思自己人生中的失败经验。面对挫败时，你是用哪种方式回应的？哪种类型的挫败让你可能愿意持续尝试？哪些类型的失败让你倾向放弃？

我们如何看待失败，来自成长过程

我们现在如何面对失败，很大程度上受到原生家庭、成长经历，以及整个社会文化倡导的价值观的影响。

你可以花点时间检视一下你对于失败有哪些信念。回想一下过去几次失败的经验，当遇到失败时，你心中会出现哪些声音？如果请你完成"失败代表我……"这个句子，你又会填入哪些东西？请你花点时间把它们全部写下来。

不管是个案案主、朋友的分享，还是在网络上读到的分享，从中我发现许多人在失败时内心会冒出以下声音：

"我不够好，不会有人爱我。"

"我就是什么事情都做不好。"

"完蛋了，我的人生毁了。"

"我很糟糕，我果然是个失败者。"

"我就知道结果会失败，早知道就不尝试了！"

"大家一定会觉得我很笨，觉得我怎么这么没用！我好丢脸！"

如果你觉察到内心出现这些声音，你一点都不孤单。

我猜想许多人的成长过程中，"失败"是一件充满羞愧与被指责的事情。许多家长会把孩子视为自己的延伸物，所以当孩子失败或犯错时，家长就会觉得没面子、丢脸，认为孩子的失败反映出自己的教养能力不够好。于是，家长无形中会把自己对于失败的焦虑和情绪传染给孩子，向孩子灌输"不可以犯错，不可以失败"的观念。

你可以花点时间回想一下，你的父母或主要照顾者，对于失败抱持着什么样的态度？以及在你十几、二十多年的求学过程中，学校老师、大学教授们又是如何描绘失败的？大家是指责失败，还是庆祝失败呢？在你失败或犯错时，你如何被对待？他们都告诉你什么？

恭喜你，失败了！

复原力是一个人从逆境中反弹，并且能够从挫败中学习与成长的能力。建立复原力其中一个很重要的因素就是"心智敏捷"，来自我们可以用不同角度看待失败——你可以把每一次的挫败视为挑战，而非威胁，因为挑战让你愿意靠近，而威胁让你想逃跑。

请你再去阅读你写下的失败信念，然后检视一下：这些信念从哪里来？这些信念如何主导你的人生？如果你是一位家长或老师，这些信念如何影响你的教育观或对待孩子的方式？你鼓励孩子或学生失败吗？还是会在他们失败时大声斥责和羞辱？

美国知名塑身衣品牌 Spanx 的创办人萨拉·布雷克里（Sara Blakely）曾经在 2012 年被《富比士》列为全世界最年轻的女性亿万富翁。在一场访谈中，布雷克里说，在她的成长过程中，爸爸都会在晚上吃饭时问她："你这周做的哪些事情失败了？"

她说，父亲给她最棒的礼物，是让她理解到，失败是指"你还需要继续尝试"，并非"结果不好"或"你不好"。这让她在创业过程中可以放掉许多包袱，不断勇敢地尝试。

想象一下，如果成长过程中，每一次失败时，父母或老师是和我们一起庆祝，并兴奋地说："恭喜你失败了，你从这次失败中学到什么？"那么，我们现在面对失败时的信念又会是什么？

如果我们都变得不害怕失败，甚至是对于失败感到开心，兴奋自己又可以从失败经验中学到新事物，那么，你的人生会变得不一样吗？你会如何做决定？又会如何度过你的人生？

重新去爱那位害怕失败的内在小孩

本章一开始的故事中有四个孩子，其中三个小孩在碰到挫败时感到无助，觉得自己办不到，最终放弃。想象一下，如果这三个孩子在你面前，你会怎么回应他们？

我会温柔地安抚这三个孩子的情绪，然后跟他们说："失败很正常，也是很好的事情，你知道了哪些方法不管用，我们可以尝试其他方法。"我猜想，你也会告诉这些孩子，失败与犯错并不代表他们不够好，失败与犯错是非常正常的事情。或许这三个孩子在听了你的回应，感受到你的陪伴与支持后，会愿意继续尝试。

而你的心中或许也有一个孩子，对于失败有许多恐惧，每次在你决定要不要尝试新挑战时，这位内在小孩总会紧张地说："不可能！不要试！不要让自己丢脸！"每次经历挫败时，这个孩子会感到很羞愧，因为他认为："失败说明我不够好，不会有人爱我。"这个孩子会有这些情绪很正常，毕竟过去的经验告诉他失败是很糟糕的事。就算你现在已经成为大人，这位内在小孩仍然住在你的心里，对于失败与犯错有着许多恐惧和羞愧。

同样地，你可以用对待故事中这三个孩子的方式，温柔地回应你内心的那个孩子。下一次，当你因为害怕失败而不敢尝试，或是感受到失败带来的剧烈痛楚时，你可以想象这位内在小孩正在与你对话——他感到很无助、很恐惧、很痛苦。你可以温柔地安抚他、抱抱他、陪伴他，并告诉他："不管成功或是失败，我都会一样爱你，你都是有存在价值的。"

然后你可以和他一起庆祝："失败是很棒的事情，恭喜你失败了！我们一起从失败中学习吧！"

建立成长心态，提升复原力

你会不会很好奇，为什么有些人在失败后，人生似乎永远停滞不前；而有些人可以从失败中走出来，继续前进？

美国斯坦福大学心理学教授卡罗尔•德韦克（Carol Dweck）说，一个人成功与否的关键，在于他"如何看待自己"的心态。卡罗尔•德韦克博士在她的《终身成长》（*Mindset*）中，解释了两种心态：固定型心态（Fixed Mindset）与成长型心态（Growth Mindset）。

不同心态如何解读失败

你是否有过这样的想法：

"我就是这样的人啊，我就是不擅长这件事情！"

"他就是这样！"

当我们认为一个人怎样都是不会改变的，这就是固定型心态。

拥有固定型心态的人认为一个人的聪明才智、性格、创造力等都是固定的。也就是说，你有多聪明、多有才华，就会一辈子维持同样程度，无法改变。所以，拥有固定型心态的人会非常急于证明自己，想要展现自己的成就。毕竟如果我们认为聪明才智是固定不变的，那么当然要向所有人显示自己很厉害、很成功才行。

相反地，拥有成长型心态的人认为一个人的才智、特质和能力等都是可以改变的，只要借由努力和累积经验，每个人都能够成长与改变。

我们现在来想想看：这两种心态的人会如何解读失败？

对于拥有固定型心态的人而言，成功能证明他们拥有聪明才智，而失败则显示他们不够聪明，所以他们当然想避开挑战，逃避失败。不管是在学校、职场，还是人际关系中，拥有固定型心态的人考虑的都是：我这么做会成功还是失败？做这些让我看起来如何？我属于人生胜利组还是失败组？

而对于拥有成长型心态的人，成功或失败本身并没有那么重要，因为他们认为，每一次尝试新挑战，每一次失败，都是学习的机会，都能够帮助自己跨出舒适圈，把自己的能力再往外延伸一点。

这样听起来，拥有固定型心态的人在失败时可能就会陷入羞愧、自己不够好的情绪中，而拥有成长型心态的人在失败时，心里想的是："我又学到新东西了！"不一样的心态，在面对失败时会有很不一样的反应。

这两种不同心态，是从小就被塑造出来的。研究人员发现，拥有固定型心态的小孩会选择一直玩他们熟悉的益智游戏，因为尝试新游戏就可能会失败；拥有成长型心态的孩子则是在熟悉一种游戏后，就会开始尝试新挑战。拥有固定型心态的孩子告诉研究员："聪明的孩子是不能犯错的！"而拥有成长型心态的孩子则对研究员说："如果上课有不懂的地方我都会举手问。很多同学认为举手问问题显得自己很笨，但我觉得，如果我是错的，那么问了之后，我才能知道自己是错的，然后再去获取正确的信息。"

读到这里，你觉得自己拥有的是固定型心态还是成长型心态呢?

你的心态从哪里来

如果你发现自己拥有的是固定型心态，也不用太气馁，因为不管你现在处在什么状态，我们都可以做出改变，帮助自己建立成长型心态。

不论是固定型，还是成长型心态，都是被教导、培养出来的。心态来自你内心的观念，而这些观念源于你的原生家庭、学校及社会灌输给你什么信息。

如果你从小考试考得好会被称赞"很聪明、很厉害"，考得不好时就会被责备，那么你很有可能被塑造出固定型心态，需要用出色的成绩来证明自己很成功。在斯坦福大学教书的卡罗尔·德韦克教授也观察到，许多斯坦福大学的学生在刚入学时都拥有固定型心态，因为这些学生从小就表现优异，在赞美中长大，需要展现完美。我猜想，中国台湾的家庭与学校教育习惯将成绩和成就视为定义一个人价值的方式，这样的文化也很容易培养出固定型心态的人。

当然，要帮助自己从固定型心态转变到成长型心态，需要时间与不断地练习。我在读了卡罗尔·德韦克博士的著作后，意识到自己在某些方面也有固定型心态，例如，我认为某些事情我不擅长，不可能做到，就从来没有去尝试。

于是，在写这本书时，我展开一个新计划，就是每个月去做一件我以前觉得自己不擅长的事。我从日常生活小事开始，例如学烘焙、烹饪不同料理、阅读不熟悉领域的书籍、开始涉猎以前不喜欢的领域。每一次的微小成功都让我惊觉："原来我会啊，我办得到！原来我携带了这么多年的观念都不是真的！"

身为一位女性，近几年来，我也花了许多时间检视这个社会加诸女性身上的观念。美国临床社工师埃米·莫林（Amy Morin）曾提到，女性在成长和社会化的过程中，很容易被培养出固定型心态，也就是会认为失败来自人格缺陷。

仔细想想，这个社会的确会在无形中传递不太一样的信息给男孩和女孩。研究显示，男孩在考不好时容易被归因于"行为"不正确，例如考不好时老师会说："就是你上课不认真，没有用功读书。"而考得好时会说："你真聪明。"但是女孩在考不好时，则倾向被归咎于"能力"不足，例如考不好时老师会说："数学可能对你来说太难了。"而考得好时老师说："因为你上课很认真，很用功读书。"

另一项研究显示，孩子在四五岁时，男孩、女孩对于自己的能力信心程度差不多，但是到了六岁就出现了显著的差异——小女孩到六岁时，就开始觉得自己不如男生，没有男生聪明。

读到这些研究时让我很惊讶："天哪！小女孩从六岁就开始觉得自己不如男生，我们到底潜意识里灌输了什么样的性别观念给孩子？"现在，每当我和四岁的侄女及两岁的侄子们说话时，也会更注意对他们说的话有没有夹带了刻板的性别印象。

如果你愿意，也可以花一点时间写下心中固有的观念，然后仔细检视：这些观念是属于固定型心态，还是成长型心态？你携带这些观念多久了？这些观念从哪里来？又如何影响了你的生活？

固定型心态的人，会把别人的成功视为威胁

当我在阅读固定型与成长型心态的研究资料时，其中有一点让我很有共鸣：拥有固定型心态的人喜欢比较和竞争，然后对于别人的成就会觉得备受威胁。读到这点让我反思：的确，过去的我有时也会陷入比较，而这时我会把别人的成功解读为威胁，让自己进入防卫状态，然后在内心评价他人。

如果你意识到自己的内心有一部分也容易陷入比较，你一点都不孤单。现在网络的普及，让我们更难逃离比较与竞争。只要一登录社交网站，就会看到朋友又去哪里旅游，他们的人生多么快乐，等等，让我们认为别人的生活都很完美。研究发现，当我们花越多时间浏览社交网站，就越可能认为别人比自己更优秀和快乐。

但社交网站只能让我们看到"外在"，你永远不会知道别人的"内在"在发生什么事情。研究显示，我们倾向低估别人正在经历的负面情绪，高估别人的正向情绪。也就是说，我们会认为别人过得都很好，而自己是唯一过得不好的那个人。这样的孤立感，就可能让我们觉得"自己有问题"、很羞愧，更不敢说出内心的挣扎或寻求帮助。

浏览社交网站让我们很容易将自己与他人进行比较。当你

看到别人过得比自己好，觉得自己不如人时，是"向上比较"；当你看到别人过得不好而产生优越感时，是"向下比较"。不管是向上或向下比较，都会让我们的神经系统进入压力模式，你可能会进到"战斗或逃跑"状态，开始批评自己或他人，或是掉入"关闭或冻结"状态，觉得很绝望无助。

停止比较，将别人视为"观点来源"

当然，现在我内心陷入比较的部分偶尔还是会冒出来，但我能够很快觉察到自己正在与他人进行比较或评价他人，然后我会暂停下来，检视"比较"这个防御机制底下是什么？每一个批评都是将我们内心不喜欢自己的部分投射在别人身上，当你在评价别人时，其实正是在批评你自己。

下一次当你意识到自己正在与人比较、批评人、将别人的成功视为威胁时，你可以停下来，去检视内心发生了什么事：批评和攻击行为背后躲着哪些情绪？为什么自己现在需要比较？为什么需要证明自己？

美国临床社工师埃米·莫林建议，我们可以练习将别人视为"观点来源"。当看到别人成功，如果你想的是"他有不同的观点"，而不是"他条件比我优越"，你会更愿意向他们学习。或许可以这样想：这个人有哪些观点或想法和我不一样？我可以从他身上学到什么？学到这些对我有什么帮助？

如果我们能将他人视为不同的"观点来源"，就能抱持好奇心去欣赏另一个人、向对方学习，也更能帮助自己培养成长型心态。

现在，每当我浏览社交网站时，我会练习去祝福和欣赏别人，去祝福每一位过得快乐的人，去欣赏每一个人拥有的不同观点和不同的生命样貌。

如果人生是在大海中行进，每个人都有属于自己的航程，有些人正遭遇暴风雨，有些人正晴空万里、一帆风顺。而我们可以练习去祝福与欣赏每一个人的独特之处。

听！你的大脑在编造什么故事

研究显示，大多数人一天约讲一万六千多字——这还只是我们说出口的话。而我们的大脑，更爱讲故事。

每个人的大脑都是很厉害和有创意的编剧，不断编造各种各样的故事，这是大脑编剧家的工作。人类需要寻找意义，所以大脑编剧家每天都在解读发生的事，再加点新剧情，帮你制造意义。缺乏信息时会让人感到不安，所以大脑开始编造故事填补这些空洞，帮助你感到安全，组织你的经验。

如果你愿意，每天去仔细听听大脑编剧家正在说的故事，想想他在告诉你什么？

大脑编造故事并没有错，但很多时候，我们忘记了大脑只是在"编故事"，我们把大脑编的故事当成"事实"，就算这些故事有点扭曲、没有证据或逻辑，我们依旧相信这是真的，然后花许多精力和时间陷入故事情节中。

复原力来自弹性，其中也包括让自己的思考有弹性。要帮助自己建立弹性的思考，我们可以先从觉察到大脑正在编造哪些故事开始。

长期研究复原力的美国宾夕法尼亚大学教授卡伦·莱维奇（Karen Reivich）博士提到，一般大众有五种最常见的惯性思考模式。也就是说，我们的大脑编剧家在编造故事时，有五种最常见的故事轴。

五种大脑编剧故事轴

接下来我会解释这五种惯性思考模式，也请你一边读、一边反思：你的大脑编剧家最常使用哪种故事轴？在面对工作、家人、伴侣、朋友时，会用不一样的故事轴吗？在遭遇失败与挫折时，最常使用哪一种故事轴？

一、读心术

身为心理咨询师，我发现一个很有趣的现象。偶尔会有初次认识的人听到我的职业后，开玩笑地问："所以你知道我现在心里在想什么吗？"当然，我也很希望自己有"读心术"这种神奇的魔法，可以直接知道另一个人心中在想什么，这样的话，许多事情都会变得简单许多。

而你的大脑编剧家，常常认为自己有读心术，你认为你知道别人在想什么、为什么会这么做。例如当老板请你等一下去找他谈话时，你的大脑就会开始用"读心术"故事轴来编故事："老板一定是昨天读了我写的报告觉得写得很差，所以才要跟我谈话。难怪他早上用那样的眼神看我，他一定认为我能力不足……"你才收到短短几个字的通知，大脑编剧家就编出了各种故事，是不是很厉害？

人与人之间的任何关系，不论亲子、伴侣、朋友或同事，都会受到读心术的破坏，因为当你百分之百确定"另一个人就是那样想"时，就不会去问、去澄清或沟通。你把大脑编的故事当作事实，而不是去和对方沟通。

二、都是因为我

第二种大脑编剧家喜欢用的故事轴，就是"都是因为我"。你觉得事情发生的原因百分之百都是自己造成的，都是自己的错。例如当你和伴侣吵架时，你认为一切都是自己的错，你心想："都是我害的，都是我这么爱生气，事情又没做好，才会惹他不开心……"

当你陷入"都是因为我"的思考模式中，就可能产生许多内疚、羞愧或悲伤等情绪，你可能会因为觉得都是自己的错，把自己封闭起来，不愿意去和他人沟通。

三、都是别人的错

和上一种类型相反，另外一个大脑编剧家常用的故事轴，就是"都是别人的错"。你认为事情发生的原因百分之百都是别人的错，都是别人造成的。例如你今天和伴侣吵架，你的大脑编剧家不断地告诉你："一切都是他的错，都是他这么自私、不愿意为我着想才会发生这样的事。一切都是他害的！"

而当你落入"都是别人的错"的思考模式时，就可能产生愤怒。同样地，这样的愤怒也可能让你做出冲动的行为，并阻碍你好好地去和对方沟通。

四、灾难要来了！

在"灾难要来了"故事轴中，你的大脑编剧家会从一件事情开始，联想到生活的各个层面可能发生的最糟的情况，然后编写一场大灾难剧情。

例如你今天和伴侣吵架了，然后大脑开始编故事："完蛋了，我们走不下去了，我们要分手了。他明天一定会跟我提分手，分手后我们的共同朋友都会站在他那边，我还会失去所有朋友，我一定会难过得无法工作，我的老板可能会受不了把我开除，然后我连工作都没了。没有工作我就交不起房租，到时候我就要离开这儿搬回家里跟爸妈住，就要忍受我爸妈每天对我碎碎念，亲戚一定会觉得我的人生很失败……"

这就是一个大脑编剧家制造的灾难剧情，而当你觉得"灾难要来了"，就会感到更焦虑和恐惧。于是，你把精力都放在想象糟糕的后果上，就没有力气去解决真正该解决的问题。例如在这个例子中，你该做的是去和伴侣沟通，处理吵架的问题。

五、做什么都没用

最后一种故事轴叫"做什么都没用"。这种惯性思考模式让你觉得做任何事情都无法改变现状，例如你在疫情中不幸被裁，然后大脑编剧家就告诉你："你都已经快四十岁了，这个年纪不可能再转换跑道。现在疫情这样严峻，怎么可能找得到工作？只能一辈子失业了！"

"做什么都没用"的故事轴会带来许多无助感，让你觉得没希望了，不管做什么都无法改变。当你陷入剧烈的无助情绪时，就无法看见在某些部分还是可以有所作为的，例如：修改简历开始找工作；参加职业探索的工作坊；利用待业期间好好充实自己，或考虑回学校读书深造。

你是改变想法的人，还是看见想法的人

读完了上述五种大脑编剧家常用的故事轴后，你有没有觉得哪一种故事特别熟悉？你的大脑编剧家最常使用哪一种？

大脑会编造故事是非常正常的事，这五种故事轴是大家最常使用的惯性思考模式，也就是说，我们每个人的大脑都会编出一些剧情。在我读完这五种故事轴后，我发现我最常使用的是"读心术"和"都是因为我"，尤其在充满未知、信息不足时，我的大脑编剧家会倾向认定知道别人在想什么，以及觉得很多事都是自己的错。

那么，我们要如何面对这些大脑编造的故事呢？

觉察是改变的第一步。每次当这些惯性思考模式冒出来时，你需要先觉察到："这只是'想法'，我的大脑正在编故事！"面对这些想法也有不同的反应方法，例如使用认知行为疗法的心理师可能会教你去"反驳"或"改变"想法，例如找出证据

来证明这些想法是错的。

这样反驳或改变想法的方式对某些人来说有效，但我也观察到，许多人在尝试反驳和改变想法时，发现这些想法不但"赶不走"，还更常冒出来，然后心中就会冒出另一个评价自己的声音："我怎么连这个都做不到？怎么这么糟糕？"

而我会告诉个案案主们："你不需要赶走、反驳或改变想法，你要做的，是去改变你和想法之间的关系。"

当想法冒出来时，你能够觉察到它们，然后告诉自己："这是大脑编造的故事，想法就是想法，不是事实。"不需要反驳，就让这些想法冒出来，然后让他们离开。

这样，你就从"改变想法的人"变成了"看见想法的人"，你就成为观察者。

研究显示，我们的大脑是"负面取向"的，也就是说，我们会很容易往负面的结果想。因为对大脑来说，最重要的是存活，所以大脑编剧家会编写各种糟糕的剧情让你做好最坏的打算。尤其是，大脑很讨厌未知，所以在缺乏信息或是信息含糊的状态下，大脑就会开始编故事，把空缺处填满。

了解到"我的大脑编剧家是想要帮助我，所以非常努力地编故事"之后，每当我觉察到自己的想法时，也会在内心对着这些想法说："谢谢你提醒我，谢谢你告诉我这些。"

复原力来自弹性思维，我们可以练习让僵化的惯性思考模式开始松动。每一天去觉察大脑编剧家编写的故事，然后，不需要去改变或反驳，让想法冒出来，跟他们说声"谢谢"，然后让他们离开。

乐观不乐观，就看你如何解读

建立高复原力的其中一个重要因素，就是乐观。当你听到"乐观"两个字时，你会想到什么？

我心中第一个冒出来的声音是："乐观就是要人一切都往好的方面看嘛！觉得世界是美好的，没有任何不开心的事。"接着我想到网络上各式各样教人乐观的励志语："要乐观，要往好的方面看！"我觉察到心中的排斥感，想着：这不就是毒性正能量吗？

而当我读了很多关于乐观的研究后，发现原来乐观并不是我原先理解的那样。

理论上有两种解释乐观的方式，大家或许都很熟悉第一种，叫作"性格上的乐观"，即相信"未来会变好""好事会发生""人和世界都是美好的"是一个人的基本信念。

第二种叫作"乐观的解读风格"，这个概念是由美国宾夕法尼亚大学教授马丁·塞利格曼（Martin Seligman）博士提出的。塞利格曼博士解释，"乐观"与"不乐观"差别在于一个人如何解读发生的事情，也就是说，当挫败发生时，你如何解释"为什么这件事情会发生？"

在我说明什么是"解读风格"前，先请大家看以下情境，想象一下，如果这件事发生在你身上，你会怎么解读"为什么这件事情会发生？"

公司在 2020 年疫情期间裁员一批人，你被解雇了。

找新工作时，你进入最后一轮面试，觉得自己面试表现得很好，但面试后却没有接到任何通知。

你的孩子在学校学业成绩很糟糕，这次考试又考班上最后一名。

你想出国念书，申请了十几所学校，没有一所通知你面试。

在交往六年后，你的伴侣跟你提分手。

如果以上的情况发生在你身上，你觉得为什么这些事情会发生？

理解你的"解读风格"

我们每个人的大脑都有一套习惯使用的解读方式，这样的解读过程非常快，就像反射动作一样，事情一发生，你的大脑就会立刻做解释。

马丁·塞利格曼博士的研究发现，我们的解读模式包含三个方面：

一、你觉得某事会发生，是"个人因素"还是"外在因素"

当发生一件令人沮丧的事时，你习惯归因于个人因素（是我造成的），还是外在因素（其他原因造成的）？如果你习惯归因于个人因素，被裁时你可能会认为"都是因为我做得不好"；孩子考不好会让你认为"都是因为我教养不当，我是个糟糕的家长"；长期交往的伴侣跟你提分手时，你可能会觉得"都是我的错，我不够好，所以他要离开"。

相反地，如果你能够考虑到外在因素的影响，那么在被裁时，你能够理解可能是疫情给公司带来了很大的财务危机，或是公司体制本来就存在许多问题；孩子在学校表现差时，你能够看到孩子需要被帮助，可以去思考他学习过程中哪里出了问题；长期交往的伴侣提分手时，你知道两个人都有造成这段恋情结束的原因。

你可以试着回想过去发生的一些让你产生挫败感的事，当事件发生时，你会倾向归咎于个人因素，还是能够看见外在因素呢？请你拿笔画出一条横线，在这一条横线上，最左端是"归因于个人因素"，最右端是"归因于其他因素"，请想想看，你通常处在横线的哪个位置？

二、你觉得事情的影响是"永久"的，还是"暂时"的

当失败发生时，如果你倾向认为影响是"永久的"，那么你就可能把力气放在那些无法改变的方面。例如工作面试后没收到任何消息，你就认为自己永远都找不到工作了；当申请国外学校没有收到面试通知时，你就会觉得"永远都不可能被录取了"，然后陷入无助、忧虑或是哀怨对方为什么不录取你。

但如果你倾向认为影响是"暂时的"，你觉得今年失业、没收到录取通知书，不代表一辈子都会这样，那么你就会把精力放在自己可以掌控的范围内并做出改变。例如：重新修改简历，向别人请教面试技巧；在申请学校上，你可以询问更多有申请经验的人，请人帮忙修改申请资料，去丰富你的简历，让你明年申请时更可能被录取。

请你花一点时间检视过去的失败经历，你更倾向于认为影响是永久的还是暂时的？你会把精力放在不可改变还是可改变

的事情上？同样地，再画出另一条线，最左端是"永久性"，最右端是"暂时性"，你觉得自己处在横线的哪个位置呢？

三、你觉得事情的影响是"全面性"的，还是"特定性"的

当遇到挫折时，你更倾向于觉得这件事情影响到你人生的"全部"，还是"特定方面"呢？

如果你倾向认为挫折会影响你人生的全部，那么当你申请学校被拒绝时，你可能会认定："我就是一个完全没有能力的人！"或者当伴侣跟你提分手时，你心里会想："这表示我是一个很糟糕的人，我一点吸引力都没有，我就是没人爱，我无法跟人建立良好的关系。"当你被裁时，你可能会认为："我什么都做不好，我的人生太失败了。"

如果你认为事情只影响特定方面，那么申请学校都被拒绝时，你可以理解为"我在申请学校方面还需要继续改进"；分手时，你能够看到"我们两个人之间有许多不适合的地方，我也有需要改变的部分，而我可以从这个经验中学习与改进"；被裁时，你理解现在公司的财务会有一点困难，你能想出办法来渡过眼前的难关，并且你有支持你的伴侣、家人和朋友，他们都会帮助你。

回想你人生中经历的失败，你更倾向于认为影响是全面性的，还是特定性的呢？请你画出最后一条横线，左端是"全面性"，右端是"特定性"，你又会处于横线的哪个位置？

乐观，是可以学习的

现在请你看一下你画的三条横线，如果你的位置是落在靠近横线的右端，也就是说，当不如意的事情发生时，你能看到外在因素，觉得事情影响是暂时的，是特定方面的，那么，你就属于比较乐观的人。

如果你落在横线偏左侧的位置，表示当不如意的事发生时，你会倾向"归咎个人因素"、觉得事情影响是"永久性的"，以及会影响你人生的"全部"，那么你就是不太乐观的人。而马丁·塞利格曼博士称这三项为"阻碍复原力的三要素"。

如果你发现原来自己的解读风格正在阻碍复原力，能够觉察到这点，就是改变的第一步。你对失败与挫折的解读风格，很大程度上来自你的成长经验、原生家庭，而你现在有能力修改解读风格，学习变得乐观。

为了写这本书，我采访了一些朋友，其中好几位都提到，他们过去很容易把失败归咎于个人因素，然后认为自己不够好，开始责怪自己，感到羞愧与内疚。而随着经历更多次挫败、让自己从中成长之后，他们现在更能用乐观的解读风格去解读挫败。我自己也观察到，过去的我比较悲观，而随着自己不断地成长，现在变得越来越乐观。当然，"阻碍复原力的三要素"偶尔还是会冒出来，但是我能够觉察，并试着融入不同观点。

你也可以从练习觉察开始，去看见自己的解读风格，然后试着加入不同观点。遭遇失败时，去分析个人和其他因素各占多少比例？去分析哪些事情你无法改变？哪些方面是你能力范围内可以改变的？接纳无法改变的事，着手改变可改变的事，并且看见挫折影响的只是生活的一部分，而并非全部。

在阅读有关乐观的研究资料时，读到的这句话让我很有感触："乐观的人会将逆境视为'挑战'，而非'威胁'，所以他们会朝逆境走去，而非逃跑。"

读到这句话时，我脑中浮现出一个人朝逆境走去的画面，光是想到这样的画面就让我觉得内心充满勇气，觉得这个画面好美丽，然后我想到一位朋友在受访时曾说："承认失败真的会很痛啊，但是，我很欣赏站起来的自己。"

而我也把这份欣赏放在心中——欣赏朝着逆境走过去的自己，欣赏在失败后站起来的自己！

当人生梯子被拿掉，该何去何从

Facebook 首席运营官谢丽尔·桑德伯格在她的著作《向前一步》（*Lean In*）中提到，我们常用"爬梯子"来比喻职业发展——进入一家公司，从基层做起，然后一路往上爬。

在中国台湾，许多人的成长过程就像是爬梯子：初中考高中、高中考大学、大学毕业念研究生，或是按照父母和社会的期待选择一个稳定或光鲜亮丽的工作，完成人生的"待办清单"，像结婚、生子、工作升迁、财务稳定，然后退休。这一路就如同爬梯子一般，一阶一阶地往上爬。在梯子上，没有未知或不确定性，因为你眼前就只有一个方向，就是往梯子上再踏一格。

我们每个人脑中可能都有一个"人生梯子"，梯子上的每一阶都写着你该做什么、要达成什么目标。你可以在纸上画个梯子，想想看，你的人生梯子上写了些什么？梯子告诉你下一步该做什么？是要考上哪所著名的学校呢？还是要挤进哪家大公司？要住在哪个城市？要结婚生子吗？工作该升迁到什么位置？等等。

当失败或不如预期的事情发生时，就像是把你的人生梯子突然拔掉，例如想去的名校申请不上；没有被理想的公司录取；本来要结婚的恋情突然结束；被公司裁掉；伴侣外遇让十年婚姻破裂；健康出问题而无法工作；一场疫情让你辛苦打造的企业倒闭……突然间，你本来预想好的人生样貌消失了。失去了梯子，你感到迷茫；面对着未知，你不知道下一步要往哪里去。

把梯子换成方格攀爬架

但其实，用爬梯子来比喻职业生涯早已不适用了。美国有份 2018 年的报告指出，随着工作形态改变，每个人在职业生涯中平均会换十二份工作，这表示梯子消失了，很少有人会待在一个组织里从基层往上爬。桑德伯格说，现在的职业生涯已不再是阶梯，而像是公园里儿童游乐场的"方格攀爬架"。

有看过公园里的方格攀爬架吗？上一次在中国台湾时，我带了四岁的侄女到公园玩，其中有一个公园很特别，它的滑梯很高，溜下来应该很刺激，但是它没有阶梯，要上滑梯唯一的方式就是爬方格攀爬架。

在陪侄女玩的过程中，我观察了这个大型方格攀爬架。攀爬架上有许多小孩，每个孩子各自从不同的地方开始，走着自己的路线，有些孩子的目的地是溜滑梯，有些孩子就只是想爬架子，有的坐在上面聊天。每个孩子爬的路径都不同，往左、往右、往上、往下，有时候这格被另一个孩子堵住了，可能要转个方向，或是需要先往下爬，绕一下再上去。

阶梯只能往上爬，如果前面有人堵住，你就被卡住了，但方格攀爬架完全不一样，你有各种途径可以抵达目的地，过程中还可以看到不同的风景。如果我们能够把人生梯子拿掉，改成方格攀爬架，那么，你的人生会变成什么样子？

如果把人生当作方格攀爬架，每当你碰到阻碍、发现本来想走的路径行不通时，只需要转个弯、换个方向就好，不用拘泥于本来要走的那条路，因为在方格攀爬架上，每个方向都是一条路、一个新的可能。

跳过悬崖，从熟悉到未知

在方格攀爬架上转弯很容易，但是面对人生的"转个弯、换个方向"，却一点都不轻松。

我很深刻地记得我博士毕业时，必须离开自己读硕士、博士及工作总共加起来住了七年的城镇，搬到完全陌生的新城市。我的内心感到十分恐惧，就算这是一件好事，我还是非常焦虑。当时我的咨询师对我说："你觉得这里很安全，是因为你对这里很熟悉了；新城市是个你还不熟悉的地方，充满了未知，所以那里让你很恐惧。但是有一天，你也会熟悉那里的一切，就像当初你来这里念书，这里也从一个陌生的异乡，变成你熟悉的安全的地方。"

每一次人生的"转个弯、换个方向"，就是一个放下"熟悉"，进入"未知"的过程。"熟悉"与"未知"就像一座山的两面，一侧是你一路攀登上来的山路：习惯的生活环境、工作、感情、自我认同等，而另一侧是未知的路。做出改变，就是你要愿意从熟悉的这端，跳去未知的那端。在写这本书时，我已经在新城市住了一年，回想起咨询师当时说的话，的确，这个地方现在对我来说熟悉又安全。

要跳跃悬崖很不容易，因为大脑把"熟悉感"当成"安全感"，所以当我们遇到新的、不确定的、模糊不清楚的事物时，就会感到焦虑与恐惧。正是因为这样的焦虑和恐惧，让许多人继续留在不喜欢的工作中或枯死的感情关系里，可能不敢尝试新事物，一直站在熟悉的这一端，不敢跳去对岸。就如同美国精神科医师布鲁斯·佩里（Bruce Perry）在一场演讲中所说的："就算已知的情况很糟，我们还是会觉得未知比已知更恐怖。"

然而，唯有大胆尝试，你才能把未知变成熟悉。能够帮助你跳过去的，是信任。

研究"信任"的学者蕾切尔·波茨曼（Rachel Botsman）说："信任，是你和'未知'建立起一个好的关系。"信任，就是能够容忍未知与不确定性的能力；你不确定另一端是什么，但是你愿意勇敢地去探索。

每一个第一次，都表示你在尝试新事物

如果你也觉得面对新的事情让人恐惧，那么你一点都不孤单。

好几个月前我在听布琳·布朗教授的播客时，其中有一集的主题叫作 FFT。布琳·布朗教授说，FFT 代表的是"去你的第一次！（Fucking First Time）"。

听到"去你的第一次！"这句话，我笑了。布琳·布朗教授在那集节目中分享，做播客对她来说是一个新的尝试，她分享

着在筹备和录制播客时的挑战。当时一边听着，我想到不久前，我也第一次尝试用在线上课的方式办一个讲座。一小时的讲座，我紧张得全身僵硬，因为荧幕上看不到听众，让习惯要看着人讲话的我很不适应。结束时，我心想："以后再也不要办在线讲座了！"当时也完全没想到，因为疫情，后来都改成在线教课，现在的我对于在线教学已经十分熟悉了。

尝试新事物时，去觉察不舒服的情绪是很重要的，而为情绪命名，就能给我们力量去面对情绪。你可以告诉自己：尝试新挑战会不舒服非常正常，不管现在有哪些情绪（例如觉得挫折、羞愧等），这些情绪都是暂时的，不代表永远无法做好这件事。尝试新事物时，你也需要调整期待，你要告诉自己，有一段时间会是学习适应期，你会犯很多错，不舒服的情绪会持续冒出来，而正是因为这些不舒服，你得以成长。

因为害怕面对未知与新事物，让我们觉得需要有个梯子，顺着梯子往上爬。或许，我们都该好好检视心中的人生梯子：这个梯子是从哪里来的？是谁给你的？又是谁在梯子每一阶上写着你该做什么事情？你真的喜欢梯子上的生活吗？还是你的大脑把"熟悉所带来的安逸感"和"安全"混淆了，让你觉得"这样熟悉的生活很不错"。

或许，我们可以尝试将梯子拿开。当人生梯子消失后，每一种方向都是一种新的可能，你的人生可以有无限种可能的样貌。

梯子消失后，每跨出一步都是"第一次"，可能会让你很不舒服，充满恐惧，这都很正常。每一次出现"第一次"，就表示你在尝试新东西。唯有持续尝试，才能成长。当我们停止成长，就是停止活着。

美国哈佛大学心理学家苏珊·大卫说："勇敢不是不害怕，而是带着恐惧向前走。"不管你现在在面对哪些第一次，你可以大喊："去你的第一次！"然后带着恐惧与信任，从熟悉跳到未知。

在逆境中，善用自己的优点

前面几节谈论了如何培养心智敏捷力和乐观的态度，帮助你从不同角度看待失败、觉察到僵化的思考模式、辨识与改变自己的解读风格，以及如何面对新尝试和未知。而复原力还有另外一个重要因素——自我效能，指的是你相信自己能够办到，了解自己的长处，并且在碰到挫折时能够善用这些长处。

你觉得自己有哪些优点呢？如果请你列出自己的优点，你会写下什么？

在写这本书之前，我从来没有仔细检视自己有哪些优点和长处。我猜想，中国台湾的教育文化让我们倾向于去看见自己"做不好"的部分，如果要我写下需要改进的地方，我可以列出许多事项，但写下优点对我来说却很困难。我也观察到，当尝试写下优点时，我的内心会不断冒出质疑的声音："真的吗？这点我做得够好吗？"

因为要写一本跟复原力有关的书，我去上了美国宾夕法尼亚大学所提供的"复原力"在线课程。在这个课程中，讲师凯伦·列伊维希（Karen Reivich）教授请学员去做"VIA 个人强项测验"（VIA Survey of Character Strengths），来检视自己的优点。这个测验检测二十四种人格特质优点，并且帮你的优点排序，让你看到哪些是你最擅长的特质。

这个测验给我带来非常大的帮助，让我了解了自己的特质，以及如何善用这些特质。所以，我也想邀请你去做这个免费测验。你可以到美国宾夕法尼亚大学的 "Authentic Happiness" 中心网站测验看看。

这个测验总共有二百四十个问题，需要花一点时间。以下是这个测验所检视的二十四种正向人格特质。如果你还没机会做测验，可以先阅读下页这些特质，然后勾选你觉得自己最突出的五项特质（请在方格中打√），以及觉得自己最不突出的五项特质（在方格中画Δ）。

宾夕法尼亚大学"Authentic Happiness"中心网站网址：https://www.authentichappiness.sas.upenn.edu/。

二十四种人格特质：

□创造力　□好奇心　□有批判思考能力　□喜爱学习　□洞察力

□勇敢　□坚持与毅力　□正直、诚实　□热忱与活力

□爱人与被爱　□善良　□社交智慧　□团队合作　□公平与正义

□领导能力　□宽恕　□谦虚　□谨慎　□自我调节

□欣赏美丽与卓越　□感恩　□乐观与希望　□幽默

□灵性／信仰

了解你的"招牌优点"

如果你有机会去做测验，测验结果会得到这二十四种特质的排序。看一下你的前五名是什么？最后五名又是什么？和你本来想象的结果一样吗？

测验结果排序的前五名，是你的"招牌优点"，就像是餐厅有自己的招牌菜一样。你的招牌优点就是你最突出、运用起来毫不费力的特质。如果你是右撇子，运用招牌优点就像请你用右手写自己的名字，对你来说非常轻松。

但是这二十四种优点我们不可能都同等突出，排序较后的

是你较不突出的特质。有某些特质不突出是很正常的，不代表你不好或有问题。运用不突出的特质，就如同我请右撇子的你用左手写名字（或左撇子的你用右手写名字），做起来就比较费力。

在了解了你的招牌优点是哪些后，我想邀请你反思一下，过去人生中经历挫败与逆境时，你运用过这些招牌优点吗？这些招牌优点是如何帮助你度过逆境的？

我自己的测验结果显示了"喜爱学习"与"创造力"是我的两项招牌优点，当我反思检视过去经历的逆境时，我才意识到，原来这两项特质是过去帮助我度过逆境的支柱。以2020年的疫情为例，疫情带给我许多焦虑与未知，但"喜爱学习"的特质让我大量阅读科学文献去了解这个新型病毒，我也听了许多和疫情心理健康有关的在线讲座，并阅读了许多书籍和文章，这些知识带给我力量和安慰，让我知道如何面对疫情。我也意识到，在大量学习与吸收后，"创造力"特质能够帮助我表达，例如写博客文章或写书，"创作"是帮助我整理与消化信息的方式。

再请你回去看看你的招牌优点，然后仔细思考：人生中面对失败或不如预期的事情时，你如何运用自己的招牌优点？如果你现在正在经历挫败或逆境，你觉得可以如何运用你的招牌优点？

善用招牌优点，也让别人使用他的优点

为了写这本书，我请几位朋友填写这个人格特质测验，并与我分享他们如何运用招牌优点。这些分享让我非常感动，也更让我对于人类性格与情感的多元感到敬畏——每个人都非常独特，都有不同的招牌优点，而这样的多元样貌实在很美丽。

有一位"灵性／信仰"是招牌优点的朋友跟我分享，因为深厚的信仰，让他能够从每一次的逆境中寻找意义，并且能从逆境中学习。另一位朋友说，"好奇心"让他能够站在不同立场看事情，更有同理心。也有朋友分享，对一切事物充满感恩，让他知道失败是正常的，成功是偶然，因为成功需要很多不可思议的事情都刚好凑在一起。一位拥有"谨慎"招牌优点的朋友说，疫情刚暴发时他非常焦虑，但是当他采取一系列措施来降低被感染的风险后，焦虑就减轻许多。还有朋友说，"幽默"这个特质让他能够拉开距离看待疫情，然后笑着说："这实在是一个很特别的经验啊！"一位长期在社会服务领域工作的朋友说，他意识到原来是"公平与正义"这个特质，让他能持续

在这个领域中努力贡献。

了解到每个人都有属于自己的招牌优点后，也更让我理解到：因为每个人的招牌优点都不同，我不能用自己的观点来评价或批评别人。例如，创造力可能是你的招牌优点，想出新颖的点子对你来说是件轻松容易的事情，但是你不能批评另一个创造力比较弱的人，因为创造力可能不是他的招牌优点，而他有他的招牌优点。

我也意识到，我偶尔会陷入自己狭隘的眼界中，仅看见自己的观点或处理事情的方式，就觉得别人应该也要这样做才对，当别人没有这样做时，内心就会去评价人，而忘记了人的多样性，忘记了每个人都很独特。

每个人都有不同的招牌优点，处理事情的方法也不同，没有哪种方式是唯一正确。在我听到朋友们分享不同的招牌优点后，我开始懂得欣赏每个人的独特性。

凯伦·列伊维希教授在"复原力"在线课程中问了一个问题："当你在运用招牌优点时，你有什么感觉？"

反思过去的经验后，我理解到，当我在运用招牌优点时，例如我在学习、在发挥创造力时，我感受到忠于自我、和自己很接近、充满喜悦。这也让我开始思考，当我在和另一个人相处时，可以怎样让对方也能善用他的招牌优点呢？

想象一下，如果在这个世界上，我们每个人都可以善用自己的招牌优点，活得忠于自我，然后也能够欣赏其他人的招牌优点，欣赏每个人的多元样貌，那么我相信，这个世界一定会变得非常美丽。

Chapter 4

——————

复原力在关系里

裂痕，是光可以照进来的地方。

每一次人际关系出现裂痕，

都是一个让光照进来，处理人际关系问题的好机会。

建立关系智商，提高复原力

研究显示，一个人的人生是否幸福，并不取决于获得的财富或成就，而是人际关系的质量。

"人际关系质量"指的不是你有多少位 Facebook 朋友或 IG 追踪者、是结婚还是单身、一个月参加几场聚会、每次跟多少位朋友出游，而是在你的生命中，是否有人让你能够展现脆弱，让你可以说出内心真实的想法，分享那些让你感到羞愧或痛苦的事。这个人可能是你的家人、伴侣、朋友、同事……

如果你生命中有这样的人，那你真的非常幸福。人与人之间的真挚联结，正是建立复原力的一个重要基础。

关系智商：维系人与人联结的能力

近年来，我们了解到除了智商和"情绪智商"（EQ）外，关系智商也是人生中不可或缺的重要能力。

关系智商是我们维系人与人联结的能力。人际关系如此重要，但可惜的是，在我们成长和求学过程中，从来没有人教我们如何与人建立联结。学校里没有人际关系课，我们只能仿效父母或主要照顾者的人际关系模式，而有很大的概率，我们的父母也各自承袭自己原生家庭中的人际关系模式。

不仅如此，我们还活在一个非常强调个人主义的社会里，这样的社会告诉我们什么事都要靠自己，不能展现脆弱面，依赖别人是很糟糕的事情；成功是因为你做得好，失败就是你自己的问题。

过去的我，就是抱持着这样的信念。我不敢展现脆弱，因为成长过程中展现脆弱是不被欢迎的。我习得的是什么事情都该独自面对，情绪要放在心里不能说出来，我也没学过该怎么表达情绪。直到踏入心理咨询领域，我才开始慢慢看见自己的状态，理解自己是如何被塑造的，也同时理解原来父母在建立复原力方面也所知甚少。

我意识到：我们每个人都不是只有自己，我们都携带着来自家族每一代所传承下来的信念、创伤、面对失去与脆弱的方式、处理情绪的方式以及人际关系模式。若我们没有去觉察与改变，就会把这样的模式再传递给下一代。

过去的我因为不敢面对和展现脆弱，所以不知道该怎么建立真挚的联结。但是，人是群体动物，我们每个人都需要其他人，我们需要被看见、被听见。这样人与人之间的真挚联结，更是你在遭遇挫败与逆境时，帮助你站起来的力量。

如果你觉得自己不知道该怎么建立真挚的人际关系，你一点都不孤单。所以这一章，我们来谈人际关系，帮助你培养关系智商，建立复原力。

你如何待在关系里

首先，我想先邀请你花一点时间想一想，你在关系中是什么样子？

这里指的关系包含不同种类的关系，像是亲子关系、伴侣亲密关系、友情关系、工作中与上司和同事之间的关系等等。

著名的心理治疗师艾丝特·佩莱尔（Esther Perel）提出了七个动词，她说，从这七个动词对你的意义，可以看出你是如何待在关系当中、如何与人相处的。

请你花一点时间阅读以下七个动词，感受一下每一个动词对你的意义是什么？你可以在每一个动词下面写下你的想法。

这七个动词包含：

- 要求

- 拿取

- 接受

- 给予

- 分享

- 拒绝

- 玩乐或想象

在读这七个动词时，你觉察到什么？有哪些情绪或想法冒出来？有没有哪几个方面你觉得自己特别擅长？又有哪几个方面你觉得特别陌生？这七个动词就像棱镜折射出的七彩光，每种色彩代表内心的一个方面，对我们每个人都有不同的意义，有些我们很擅长，有些却不知道该怎么做。我们在成长过程中应学到如何去面对这七个方面，而它们会成为我们现在人际关系模式中很大的一部分。

我有一位今年四十岁的女性个案案主贝拉，在读了这七个动词后意识到，"给予"是她最擅长的。成长过程中，她都在不断给予，小时候就负担起照顾弟弟妹妹的责任，打理一切，在她的信念中，别人的需求比她的需求更重要，所以她必须务力满足别人的需求。她甚至不知道自己有什么需求，因为成长过程中从来没有人问过她的需求。

对她来说，去"要求""拿取""接受"和"拒绝"都非常困难。同样地，她的成长过程中没有任何机会去练习做这些事。她不敢去"要求"，认为若要求就表示自己不够好，会给别人带来麻烦，觉得自己是别人的负担。的确，在她小时候，"要求"是一件可能会对她造成伤害的事，她可能会被父母亲羞辱或挨打，而"给予"，正是帮助她安全度过童年的方式。

那你呢？这七个动词对你来说有什么意义？你的成长过程如何培养你做这七件事？你的原生家庭和社会文化如何影响你看待这七个行为？他们是否告诉你哪些是应该做的？哪些是不应该的？你的性别、社会地位、种族、性倾向等因素，又是如何影响你对这七个动词的看法的？以及，这七个动词又是如何影响你的人际关系互动的？

你如何面对脆弱

成长过程让我们对于某些方面很擅长，对另一些方面很陌生，这是我们度过童年、适应环境与周遭大人的重要方式。这擅长与陌生是我们的生存机制，是我们的优点，同时也是我们的脆弱面。

回到个案案主贝拉身上，不断"给予"是帮助她安全度过童年的生存机制，而"给予"背后也隐藏着她的脆弱。贝拉的内心有一部分觉得没有人真正关心她，她认为自己没价值，觉得需要不断给予，别人才会喜欢她，才会想要靠近她。"给予"的背后是害怕被抛弃，以及觉得不被重视。

美国心理治疗师米歇尔·施可曼（Michele Scheinkman）提出了"脆弱循环"（The Vulnerability Cycle）这个概念，主要阐释了伴侣之间的互动——伴侣 A 的行为刺到伴侣 B 内心的脆弱面，于是伴侣 B 进入防卫状态并进行反击，反击的行为再刺激到伴侣 A 的脆弱面，于是伴侣 A 也进入防卫状态。于是，两个人陷入不断"防卫攻击、保护自己脆弱面"的循环中。

在贝拉与伴侣的亲密关系中，也常落入这样的"脆弱循环"。当伴侣选择跟朋友聚会或加班工作时，这样的行为会刺激到贝拉内心觉得不被重视的部分，贝拉会开启防卫机制，而她的防卫机制就是不断地批评和抱怨伴侣说："又加班，又跟那群朋友出去，家庭对你来说一点都不重要，是吗？"

而贝拉的批评和唠叨，正好刺激到她的伴侣的脆弱面。贝拉的伴侣在成长过程中，长期被父母亲批评、羞辱，每一次贝拉的批评，都会引发他内心的羞愧感，所以他也会开启防卫机制：整个人封闭起来，不说话。而伴侣冷淡的行为，更刺激到贝拉内心害怕被抛弃的脆弱面，于是贝拉就会加剧批评指责，让两人陷入这样的循环模式中。

虽然这个"脆弱循环"主要阐释了伴侣间的互动模式，但也很适用于其他关系。

我想请你，在你每一次的人际互动中觉察到自己有情绪、开启防卫机制的时刻，保持好奇心，观察自己的内心。你可以问自己：当对方做那件事情或说出那句话时，我内心的活动是怎样的？为什么上司说的那句话让我这么难过？为什么伴侣做的那件事让我这么生气？为什么邻居的一句话让我感到羞愧？我的内心怎么了？我有哪些脆弱面？哪些事会刺激到我的脆弱面？

再来，也请你花点时间检视：当脆弱面被伤害到，你的防卫机制是什么？你倾向使用攻击性的防卫机制，还是整个人封闭起来，不讲话、生闷气？

要建立良好的人际关系，首先要觉察到自己在关系中是什么样子的，或是你在使用什么样的模式与人互动。你现在使用的模式，很大一部分来自原生家庭，你可以花一点时间检视与理解自己为什么会形成这样的模式，然后，就可以开始做出改变。

当关系出现裂缝，光才能照进来

拥有高复原力，来自你有良好的人际关系，真挚地与人联结。许多人误以为拥有良好关系，就表示关系中从来不会有冲突或纷争，但是，就如同人一定会经历失去、痛苦、挫败一样，人际关系一定也会有破裂的时候。

裂痕，是光可以照进来的地方。每一次人际关系出现裂痕，都是一个让光照进来，处理人际关系问题的好机会。

事实上，人际关系的建立有一个过程，即"联结—破裂—修补—再联结"的循环过程，我们除了要学习如何与人联结外，也要学习如何争吵和处理冲突，以及非常重要的，学习在关系破裂后如何修补。

检视过去的关系裂痕事件

请你先花一点时间想一想，在你的各种人际关系中曾经出现过哪些裂痕？你可以先列出不同种类的关系，例如亲子关系、亲密关系、朋友关系、工作关系、亲戚关系等等，然后在每一类型下面，写下曾经出现的关系裂痕，再看看是哪些事件造成了关系的破裂。

伴侣间可能因为财务、工作、孩子、家人、感情、价值观不同而吵架；你和父母、兄弟姐妹也可能因为想法不同而争吵；工作上，你可能和同事意见不合，对老板不满，或是和合伙人渐行渐远。我们可能经历各式各样的关系裂痕，尤其是当你自己在经历失去或挫败时，这些压力也可能影响你如何待在关系当中。例如疫情所造成的经济危机、对未来的焦虑、生活方式受限，就让许多伴侣关系与家人关系有了更多冲突。

关系中的争执与冲突背后通常有三个核心问题：第一个是掌控权——为什么你说了算？为什么你的需求比较重要，都是你在做决定？第二个是关爱——我是否可以相信、倚赖你？你有重视我、考虑我的需求吗？你觉得我是重要的吗？第三个是尊重与认可——你是否看见我做的事情的价值，还有我的贡献？你是否看到我有多努力？

请你回去再检视你写下的关系裂痕事件，想一想，为什么这些事件会激起你的情绪和反应？例如你和伴侣为了钱而吵架，你觉得伴侣太小气，不愿意花钱去旅游。这件事情你真正在意的点是什么？事件背后的核心问题又是什么？是否跟上述提到的三种核心问题有关？

不管是哪一种关系，会产生裂痕都是非常正常的。当出现裂痕时，有些人让裂缝越来越大，到最后支离破碎；而有些人让光从缝隙中照了进来，让他们看见许多该处理的问题，让他们有机会去解决这些问题。

所以，接下来我们先来学习如何面对关系中的冲突，下一节会谈如何做修补。

关系出现冲突时，你在神经系统梯子的哪里

还记得这本书第二章所介绍的神经系统梯子吗？神经系统会根据外界的信息做出反应，当你感到安全时，你会待在梯子最上层，让你能够顺畅地思考与沟通。面临威胁时，你会进入梯子的中间层，进入战斗或逃跑模式。当感到威胁很严重时，你会掉到梯子最底层，进入关闭或冻结状态。

在关系中发生冲突时，若两人的神经系统都处在中间层，这时的画面可能就是两人互相吼骂、激烈争辩。若一个人在中间层，另一个人在最底层，出现的画面可能是一个人不断指责

批评，另一个人表现冷淡、不说话。如果两个人的都在最底层，出现的画面可能就是冷战，好几天不讲话。请你回想一下，当关系出现裂痕时，你的神经系统通常在哪一个状态？你做出的行为又是什么？你觉得对方的神经系统在哪个状态？他的回应又是什么？

我常常跟个案案主说，关系出现裂缝是非常正常的，每一次出现裂痕时，请问问自己："我想要联结，还是要赢？"如果你选择联结，那么你必须用健康的方式吵架，让彼此在冲突中仍然可以保护两人之间的联结，而不是让关系恶化到彻底破裂。

专门研究伴侣关系的心理学家约翰·戈特曼（John Gottman）博士提出了四种会摧毁伴侣关系的行为——轻蔑、批评、防卫攻击以及漠视。约翰·戈特曼博士称这四种行为为"末日四骑士"。不仅仅是伴侣关系，这四种行为同样会摧毁任何一种关系。当关系出现裂痕时，如果你持续使用这四种行为，就可能让裂痕扩大。

如何才能不让裂痕越来越大呢？首先，你要能够觉察到自己的神经系统在哪个状态，当处在战斗或逃跑模式（中间层）或是关闭或冻结（最底层）状态时，你就很可能做出"末日四骑士"的四种行为，让关系裂痕更大。你需要觉察自己的神经系统，让自己暂停下来，调节到神经系统梯子最上层的平稳状态，才能继续沟通。

我的一位个案案主，在了解了神经系统的三种状态之后，把这个知识分享给伴侣听，于是两个人谈好，之后只要没有处在神经系统平稳状态时，就喊暂停，各自离开，让自己的情绪稳定下来，然后再沟通。

于是每一次他意识到自己掉入神经系统中间层时，就会跟伴侣说："我非常想努力解决这个问题，但我觉察到现在我进入了战斗或逃跑模式，我会做出伤害你的事情。你对我来说非常重要，我不想伤害你，所以我需要先暂停、离开一下，等我内心平稳后，再回来讨论这件事情。"接着，他会让自己做几次深呼吸，去运动，等情绪平稳下来后再跟伴侣沟通。

这是我编造的故事，真的是这样吗

这本书的第三章提到，我们每个人的大脑都是非常厉害的编剧家，会编造出各式各样的故事。有趣的是，我们的神经系统状态会影响大脑如何编故事，当进入战斗或逃跑状态时，大脑编造的故事有可能是："他就是故意的！""这个世界非常危险！"当掉入最底层的关闭或冻结状态时，大脑可能会说：
"我非常孤独，没有人在意我。""没有人爱我、关心我。"

我们的神经系统会先做反应，大脑再根据神经系统状态来编故事。正因如此，在关系中能够觉察到神经系统状态及大脑编造的故事非常重要。当我们无法觉察时，就会把这些想法当作事实，让你相信"我的伴侣迟到就是因为他根本不在乎我。"或者你会想："我的老板一定觉得我什么都做不好，才会用那种眼神看我。"当你把大脑编造的故事当作事实时，就更不愿意和对方沟通了，并且会在内心累积越来越多的情绪和不满，让裂缝更大。

你意识到大脑在编造故事、内心产生情绪和不满时，愿意说出来吗？

美国社工系教授布琳·布朗博士提到，她经常在沟通时用的一句话是："我现在编造的故事是……"(The story I am making up...)，然后说出脑中在想的事情。例如当你和伴侣在说话时，他心不在焉地看手机，让你产生情绪。与其批评："你就是每一次都不听我说话，你有在乎过我吗？"不如这样说："当刚刚我告诉你我的挫折时，你继续看着手机，这个行为让我脑中编造的故事是：我的感受对你来说并不重要。"

我们要练习从使用"攻击、指责人"的防卫模式，转变到能诚实地表达内心的情绪和想法。一段良好的关系来自两个人都愿意展现脆弱面，让对方看见自己的内心。而这也意味着，你觉察到了自己大脑编造的故事，然后愿意去和对方沟通，弄明白下面的问题：我大脑编造的故事，是真的吗？

而我猜想，对许多人来说，要展现脆弱面并不容易，你可能从成长过程中学习到不可以展现脆弱，或者是这个社会向你灌输了一种观念：展现脆弱是不对的。例如，社会加诸在男性身上的阳刚文化更是强调不可以表达脆弱，所以许多男性学会使用攻击、暴力、愤怒等行为来遮盖心中的脆弱面。

展现脆弱是一件很需要勇气的事情，是需要冒险的，因为你无法控制结果，不知道对方会如何回应。但所有人与人之间的爱与联结，都需要承担风险，因为你可能会失去，可能被拒绝。但愿意让自己展现脆弱，就是愿意在不知道结果会如何的情况下，说出内心真正的想法，展现真实的自我。

能够展现脆弱，人与人之间才能建立深厚的联结。

修补关系，学习真心诚意地道歉

我们是人，这代表着我们会犯错，会把事情搞砸；我们会伤害到其他人，也会被伤害。因为我们都不完美，所以人际关系一定会有破裂的时候。

请你花一点时间思考，在各种关系类型中（亲密关系、亲子关系、朋友关系、工作关系……），当关系破裂后，你都是如何修补的？也请你思考一下你的原生家庭成员是如何修补关系的？这和现在你修补关系的方式是否有相似之处呢？

心态，影响对人际关系的解读

我在第三章介绍了拥有"固定型心态"和"成长型心态"的人，看待失败有截然不同的观点；同样的，这两种心态对于人际关系的解读也很不一样。

以亲密关系为例，想象现在有两位女性，小慧与小岚，都有一位伴侣。

小慧拥有固定型心态，她认为一个人的才华、能力、特质都固定不变。当她进入亲密关系后，她也会认为伴侣的特质及关系的质量都是固定且不会改变的。对小慧来说，她认为要找到一位"完美、命中注定"的伴侣，这样才会有完美的关系。

两人相处时，小慧认为伴侣应该很了解她，要知道她心里在想什么；她也认为自己都知道伴侣心中在想什么。固定型心态的人觉得自己知道对方在想什么，所以他们习惯做假设，而不是去沟通。例如在规划旅行时，小慧会假定伴侣会跟她的想法一样，而不会去征求对方的意见。发生争执时，固定型心态的人倾向于指责对方。由于固定型心态的人认定伴侣和关系的质量不会变，所以小慧觉得一旦出现争执，就表示两人不是命中注定的伴侣，而不是认为两人需要努力沟通、解决问题。

相反地，拥有成长型心态的小岚，看待亲密关系的方式就很不一样。小岚认为自己的能力和特质是可以通过努力得到提升和改变的，同样的，她也认为伴侣和关系的质量，可以经由努力而成长、提升。成长型心态的人知道世界上没有完美伴侣，两人之间有差异和争执是正常的，一段好的关系就来自两个人努力做沟通和处理差异。所以小岚会去沟通，而不是假设自己知道伴侣需要什么。关系破裂时，由于成长型心态的人觉得关系质量是可以提升的，所以争执过后，小岚也会与伴侣沟通解决问题。

你面对与处理亲密关系的方式，是像小慧还是像小岚呢？不仅仅是亲密关系，在面对各种人际关系时，你拥有固定型心态还是成长型心态？你认为一个人一旦犯错就表示他是一个糟糕的人吗？还是你相信人可以改变，愿意给别人犯错后做修补的机会？

如果你意识到自己在面对人际关系时拥有固定型心态，不用气馁，从现在开始你可以练习帮助自己建立成长型心态。世界上没有完美关系，如同上一篇提到，关系就是"联结—破裂—修补—再联结"的循环过程，所以出现裂痕是很正常的，关系的成长与建立，来自每一次破裂后能够做修补。

修补关系的第一步，就是学习如何真心诚意地道歉。

你知道怎么道歉吗

"你会道歉吗？你知道如何真心道歉吗？"某一次在听播客时，美国心理学家哈丽特·勒纳（Harriet Lerner）博士这么问。

听到这个问题时，我愣了一下，心中冒出来的第一个想法是："说'对不起'这三个字很容易吧，我们从小就被父母和老师要求说对不起啊！"然后，我继续想着："长大后呢？我们会道歉吗？你有听过你的父母互相道歉吗？成长过程中，你的父母向你道过歉吗？如果你是位家长，你向你的孩子道过歉吗？"

我想到好几位个案案主都曾说过："我的父母从来没有跟我说过对不起。"其中一位个案案主描述道："我妈妈从来不会道歉，我也从来没听过我的父母互相道歉。就算是她指责我乱拿东西，后来发现是她自己乱放，也没有道歉，就好像什么事情都没发生过！"

我猜想，你听到"道歉"这两个字时，可能会有不同的解读、想法或情绪，而这些反应大部分也来自你的原生家庭。

上一次在中国台湾时，我有不少时间陪伴我两岁的双胞胎侄子，其中一位非常会说"对不起"三个字。有一次我不小心撞到他，我跟他说："对不起，我撞到你了！"他也回我："对不起！"另外一次，我聊天说到有两个人发生争执时，他抬起头来，眼睛瞪大地对我说："对不起。"这样的画面很可爱，但也让我不禁想着：他小小的脑袋瓜里，到底觉得"对不起"

这三个字是什么意思?

请你花点时间想一想,在你心中,道歉是什么?在不同关系中,你会道歉吗?你都是如何道歉的?当你道歉时,对方通常会如何回应?

为自己那部分道歉

哈丽特·勒纳博士在她的著作《你为什么不道歉》(*Why Won't You Apologize?*)中,讲解了我们该如何"真心诚意"地道歉。她说,关系中的冲突通常不会只是一个人的责任,而就算你觉得对方错的成分比较大,你能不能去看见自己该负的责任,然后真心地为自己那部分的行为道歉?

哈丽特·勒纳博士举了个自己的例子。她先生每次都会买一串熟透的香蕉,她已经告诉先生多次,这样的香蕉会很快烂掉,但是先生的行为依旧,让她非常生气。在一次的争执中,她说出伤人的话:"是怎样糟糕的人会这样浪费食物?"虽然她还是认为先生错的成分比较大,但是她说出了伤害对方的话,于是,她为那个部分向先生道了歉。

真心诚意的道歉并不能"带有目的",你必须是真心为你觉得做错的行为道歉,而不是借由道歉来达到目的。有些人觉得："我都道歉了，你就一定要原谅我！"或是"我都已经道歉了，你为什么还会生气？"又或者，有些人觉得道歉后，对方就会愿意替自己做事情。这些"道歉"都带有私利，是为了满足自己的需求。

哈丽特·勒纳博士提到，在道歉时，我们要为"自己的行为"道歉。例如当你说了充满性别歧视的话语时，你要道歉的是："我很抱歉我开了一个贬低女性的玩笑。"而不是说："很抱歉我的玩笑让你感到很受伤。"因为后者就把责任推到了另一个人身上，这句话暗示着：是因为你太敏感，所以才会对这个玩笑感到受伤。

除此之外，道歉时不要加上"但是"。有些人在道歉时会说："我很抱歉对你大吼，但是，就是因为你每次都不好好听我说话，我才会……"这样的道歉通常只会让两个人再度陷人争执中。如果你今天是真心诚意地为自己做错的部分道歉，那么，请不要加上"但是"，关于两个人的沟通问题，可以留到之后讨论。

另外，道歉不能只是说说而已，还需要配合行为上的改变，如果你口头上说："我不会再做这样的事！"但行为依旧，那也不是一个真诚的道歉。

读到这里，请你暂停下来思考一下，你通常都是如何道歉的呢？你能够真心诚意地为自己该负责任的部分道歉吗？还是，你习惯过度道歉，把"对不起""抱歉"常常挂在嘴边？你的家人或社会文化如何教导你道歉？

接着，也请你回想一下最近这阵子道歉的经验，你道歉之后，对方如何回应呢？当有人向你道歉时，你又是如何回应的？

谢谢你的道歉

在研究过许多个案后，哈丽特·勒纳博士发现，许多人不愿意道歉的原因，是过去的经验告诉他们，如果他们道歉，对方就会借机责备和羞辱他们。我曾经有一位个案案主就说过："我如果向爸爸道歉，他就会开启长达半小时的责备，例如，'如果你真的知道错的话，当初就不会这样做了！之前一再地提醒你，你都没在听，难怪最后会做错！你就是这样，从来都不好好听，你这样下去要怎么办？……'"

这样的话语你是否觉得很熟悉？

回到一开始提到的固定型心态和成长型心态，如果我们抱持着固定型心态，就可能无法接受另一个人的道歉，因为你不相信人可以改变和成长。我们可以试着练习建立成长型心态，相信人可以从错误中学习，留给对方犯错后改正的机会。

哈丽特·勒纳博士也提到，很多时候对方向我们道歉之后，我们会回应："哎哟，不用道歉啦，这没什么，不用在意！"就算我们可能真的被伤害了，却在别人道歉时表现出一副"这没什么"的态度。而我了解到，原来我们不但不太会道歉，也不知道该怎么接受道歉。在读了哈丽特·勒纳博士的书后，我也开始改变自己回应道歉的方式。当别人道歉时，我现在会练习说："谢谢你的道歉。"不用再加任何解释或论述。

我觉得"谢谢你的道歉"这句简短的话很有力量，它表达的是：你的行为的确可能伤害到我，我也很感激你愿意看见自己的行为，然后道歉。我给别人道歉的机会，我也接受这个道歉。

一个真心诚意的道歉，是给另一个人很棒的礼物，因为你传递信息给另一个人说：你的感受对我来说很重要，我会考虑你的感受。不仅如此，道歉也是一个给自己的礼物，因为通过道歉，你能够坦然去面对自己伤害到别人的行为，然后愿意让自己展现脆弱。

既然复原力来自你拥有良好的人际关系，而人际关系就是"破裂—修补"的过程，那么当你知道如何做修补时，就能继续维系良好的人际关系。这些人与人间的联结，正是当你经历逆境与挫败时，帮助你复原的力量。

当好事发生时，你也会在这里陪我吗

美国心理学教授雪莉·盖博（Shelly Gable）博士曾经写过一篇文章，标题叫作："当好事发生时，你也会在我身边吗？"

读到这个文章标题时，我想了许久。这篇文章到底要讲什么？当好事发生时，关系还会出现裂痕吗？

我想起一位女性个案案主曾经的分享，当她打电话和妈妈分享自己升职的好消息时，电话中传来的不是喜悦，而是质疑与批评："你能胜任吗？你不是一直喊工作压力很大吗？现在还要升主管？而且你这样要怎么照顾小孩和家庭？"当她和先生分享升职的消息时，对方也是不悦地回应："所以接下来我要花更多时间照顾孩子吗？我就没有自己的时间了吧？我的工作也很忙啊！"

或许你也有过这样的经验，你和伴侣、家人或朋友分享令你兴奋的事情，可能是你的成就、你被认可、想做的新尝试，但对方似乎没有那么开心，甚至还有点冷淡，或是开始质疑你，让你觉得被泼了一盆冷水。

或者，你也曾经当过那个泼冷水的人。身边的人与你分享好消息时，你开始质疑或评价对方。会有这些行为，可能是因为对方的成功让你感到威胁，让你觉得妒忌，戳到你内心的不安全感。

我们都知道，良好的关系来自在逆境中能够互相支持，但在读完雪莉·盖博教授的文章后，我了解到：原来，人与人之间的联结不仅仅来自失败中的互相扶持、一段坚固良好的关系，还来自一同分享喜悦，在对方成功大放光彩时，真心真意地替对方感到开心。

请你回想一下，当好事发生时，你通常会找谁分享？那个人如何反应？或者，当身边的人来跟你分享他的好事情时，你通常又是如何回应？

前面提到，关系是"联结—破裂—修补—再联结"的循环过程，而当身边的人与你分享好事情时，你的回应方式可能会让关系加深联结，或是让关系出现裂痕。美国宾夕法尼亚大学教授凯伦·列伊维希博士在"复原力"在线课程中解释，当身边的人分享好事时，一般人会有四种回应方式，分别是喜悦放大器（Joy Multiplier）、对话杀手（Conversation Killer）、喜悦小偷（Joy Thief）及对话挟持者（Conversation Hijacker）。而这四种模式，只有一种可以提升关系质量，加深联结，其他三种都可能让关系出现裂痕。

接下来我会介绍这四种回应模式，在你一边读的过程中，也请你思考：你最常使用的是哪一种回应模式呢？

喜悦放大器

"喜悦放大器"是四种模式中唯一能够提升关系质量的回应。

当对方和你分享好事时，你的肢体语言表达出你的开心；你会仔细聆听、问问题让对方多分享；你和对方一起感受喜悦，让喜悦变得更大。

例如当前面提到的个案案主和先生分享升职的消息时，如果先生用"喜悦放大器"的方式回应，他会呈现出开心的肢体语言，可能会问她对于升职的感觉如何，让她多分享想法与感受，也可能会分享他看见的她的各种优点。当然，工作上的升职表示两人需要讨论如何调整接下来的生活状态，但这些都可以之后再找时间讨论。在这个当下，他们分享喜悦，让关系好好联结。

当别人和你分享喜悦时，你当过喜悦放大器吗？还是，你落入了以下三种会侵蚀关系、让关系破裂的模式？

对话杀手

用相同的例子，当妻子和先生分享升迁的消息时，先生头也不抬地继续看手机，冷冷地说："噢，真是太棒了。"如果你是这位妻子，你会有什么感受呢？

虽然先生说出"太棒了"这三个字，但是他的肢体信息和语气并没有呈现出为妻子感到开心或想继续对话，这样就成为"对话杀手"。当然，很多时候我们当下太忙或很疲倦时，就有可能用这样的方式回应。我也曾经看过许多亲子互动中出现"对话杀手"，例如当孩子很兴奋地想跟爸爸分享今天在学校发生的事情时，爸爸不耐烦地回应："你先不要吵，我要先处理这件事情，你十五分钟后再来跟我说。"而通常，孩子就不会再来说了。

的确，生活许多时候很忙碌，你觉得工作比较重要，但如果可以的话，我们能不能在重要的人与你分享喜悦的当下，先暂停下来，把时间给那位重要的人，好好接住他的喜悦呢？

喜悦小偷

你是一位喜悦小偷吗？"喜悦小偷"做的事，就是当对方分享好事情时，开始提出担忧与质疑。就像案例中的妈妈说："你能承受当主管的压力吗？你这样要怎么照顾孩子？"或是像伴侣回应的话："所以接下来我要花更多时间照顾孩子吗？"

当我们变成了喜悦小偷，不但把对方的喜悦偷走了，还制造出许多敌意、质疑，让关系出现裂痕。

当我读到什么是"喜悦小偷"时，我心中倒吸了一口气："啊，我也曾经当过喜悦小偷，而且还有不少次！"我理解到自己当时的反应一定让对方非常不舒服。如果你也当过喜悦小偷，可以反思一下：是什么原因阻碍了你和对方一起感受喜悦？

有人可能会说："我不希望对方太兴奋，如果最后事情不如所愿，那会更失望！""我很怕他会压力太大，所以想提出这些问题，希望他好好想想！"不论你说出哪些原因，我想邀请你去检视这些原因背后，是否有更深层的核心问题需要你去处理？以及，在对方分享喜悦的当下，我们能不能先收起自己的需求，去和另一个人的快乐待在一起？

对话挟持者

最后一种回应方式称作"对话挟持者"，顾名思义，就是当你在分享开心的事情时，对方不但不专心听，还立刻转换话题。例如例子中的妻子和先生分享自己工作升迁的消息后，先生回应："噢，很不错。哎，我今天看到一款新的球鞋，我一直在犹豫要不要买，你觉得我要不要……"然后开始拿出手机看购物网站。

如果你当过对话挟持者，请你反思一下为什么会这样回应呢？有可能当对方跟你分享兴奋的事情时，也让你联想到令你兴奋的事，于是你迫不及待地分享，打断了对方的话。或者是对方的成功可能让你觉得很羡慕，甚至刺到你心中的不安感或脆弱面，于是你潜意识开始转移话题，或也开始炫耀自己的成就和好事。

当事情顺遂时，我也会在这里陪你

人是群居动物，我们需要其他人来帮助我们复原。良好的复原力来自你能够建立良好的人际关系，因为人与人的联结，可以治愈一个人。而良好关系的基石，不仅是对方能够接纳你的脆弱面，还要能够好好接住你的喜悦与快乐。

读完这四种回应模式后，我更加清楚地觉察到自己平常都是怎么回应人的。我发现，在咨询室中面对个案案主时，我能够很快进入咨询师的角色，给予案主空间、接纳、聆听，不做评价。但如果是其他关系形态，我就比较容易插话、打断别人的话、急于分享自己想分享的事，忽略了也要给对方空间。觉察到这些后，我也开始练习在和别人相处时，更加认真倾听，更有意识地当个喜悦放大器。

也邀请你花一点时间在纸上写下对你来说重要的人，然后想一想当这些人跟你分享喜悦时，你通常会用哪些模式回应？如果你发现自己经常当"对话杀手""喜悦小偷"或"对话挟持者"，那么，你现在意识到了，就可以开始做出改变。

我相信，你在纸上写下的这些人，都是你很关心、在乎并且对你很重要的人，那么，这些人更值得你好好倾听、好好回应，让他们不仅能和你分享脆弱面，也能和你一起将喜悦放大。

好好沟通——如何听，比你如何说更重要

我曾经听过一场演讲，演讲一开始，讲师带学员做深呼吸，让身心平稳下来，然后他缓缓地说："今天你会从这场演讲中带走什么，取决于你'如何听'——你如何听我讲的东西？你如何让这些信息落在你心中？"

演讲结束后，我心中一直浮现这句话，并反复思考着：我带走什么，取决于我如何听？在和别人说话时，我们到底是"如何听"的？

我开始回想咨询室中的个案，尤其是有关伴侣或家庭的咨询会谈，脑中开始浮现出一些对话。

"我希望你可以多花一点时间陪我。"一位伴侣说。

"我工作就是这么忙，我也没办法啊，你为什么不能理解，总是要批评我？"另一位回答。

如果单纯读这两句话，你看到了什么？我看到一位伴侣说出内心的期许，而另外一位听到的是"你在攻击我"，于是防卫反击。我发现，原来对话当中，"如何听"似乎比"如何说"还要重要。

请你花点时间想一想，在日常生活和各种关系中，在和别人说话时，你都是"如何听"的呢？尤其当对方和你的观点不同时，你又是如何听的？

你在争辩，还是对话

想一想，你在听对方说话时，是为了争辩，还是为了对话？

争辩与对话是两种截然不同的概念。争辩目的是"为了赢"。当你带着这个目的，在谈话中听对方说话就是为了找出破绽或缺点，让你可以反驳。你是在战斗，不是真的在聆听。

相反地，如果谈话的目的是"对话"，你就会认真地聆听对方在说什么。"听"是为了理解，而不是找出论点来反驳对方。你愿意打开心胸，去吸收对话的观点，找出共同点，尝试一起建立新的观点，并会检视自己的观点和假设。

我猜想，中国台湾的教育让许多人都养成了争辩的习惯，让我们在与他人谈话时，急着去证明自己是对的，而不是真正去倾听别人的观点。某些特定日子——过年家族团圆、发生社会事件或抗争活动时，更可以看到这些争辩的习惯浮上台面。我们各自在不同地方争辩，在网络上、社交网站上、街道上、餐桌上、房间里；我们就不同的政治立场、不同的价值观、各种社会问题等争辩。

请你回想一下，在不同关系当中的谈话，你都是如何听的呢？你的听是为了找出破绽来攻击，还是你真的想要理解对方？

美国精神科医师丹尼尔·西格尔（Daniel Siegel）设计了一个实验活动：首先，请你大声念出十次"不行"："不行！不行！不行！不行！不行！不行！不行！不行！不行！"念完后觉察一下，你现在心理和身体有哪些感受？

接下来，为自己轻柔地念十次"好啊"："好啊、好啊、好啊、好啊、好啊、好啊、好啊、好啊、好啊、好啊。"同样地，去感受一下现在身体有哪些感觉？

我发现，当我大声念十次"不行！"时，我立刻感受到心跳加速、身体紧绷、神经系统进入战斗或逃跑状态；而当我轻柔地说"好啊"这个词，则让我身体放松下来，回到平稳状态。

其实，很多时候我们在进入和对方的谈话前，早就在心中大喊了十次"不行！"，而且心想："他才不想听呢！每次怎么讲他都听不懂！他根本无法沟通。"然后，我们带着这样的战斗状态和争辩的习惯去和对方说话，当然会沟通无效。

走过桥，与另一个人相会

想想看，当你接触到和你不一样的想法、观点或价值观时，你通常会冒出哪些情绪或反应？在成长过程中，你的家人和社会文化是如何教导你面对"不一样"的？

我猜想，有许多人在成长过程中学习到的是："不一样"就是错的，就是有问题的。毕竟在我们受教育的过程中都被要求一致，要跟别人一样，这让我们没有太多机会练习容纳差异。

而关系中的许多冲突和破裂，都来自差异。你觉得这样做才对，但同事觉得要那样做才对；你这样想事情，但伴侣觉得应该那样想。每个人都是独特的，所以有差异是非常正常的事情，而面对关系中的差异，我们要做的并不是"消弭差异"，而是去学习如何和差异共处。

面对同一件事，你和另一个人可能有两种完全不同的解读，你们两个都没有对错，只是看待事情的方式不同。而当我们发现另一个人和自己"不一样"时，你愿不愿意克制想要捍卫自己观点的冲动，试着去真正理解另一个人？

著名的心理治疗师艾丝特·佩莱尔曾打过一个比方，我非常喜欢。她说："你愿不愿意走过一座桥，去拜访另一个人？"也就是说，你愿不愿意把自己的想法或观点放在你所在的桥的这一侧，然后抱着开放的心胸，走过桥，进入另一个人的世界，真心真意地去认识与理解这个人？

在听到这个比喻后，我也尝试练习：每一次对话前，我会在脑中想象着一座桥，我在这一侧，要与我对话的人在另一侧。然后，我放下装着我的观点与偏见的包袱，走过桥，去与另一个人相会。

同理倾听，好好接住对方倾倒出来的东西

一行禅师提出了"同理倾听"（Compassionate Listening）这个词。他说："同理倾听，就是让另一个人能够把心中累积的东西清空。"读到这句话时，我的脑海中浮现一个画面：一个人手中稳稳地捧着一个大容器，接住另一个人从心中倾倒出来的各种情绪和痛楚。要这样接住对方的情绪，是很不容易的事，而这样的画面，多么美丽。

我们常常误以为帮助人就是要想办法解决问题，所以当另

一个人来和你吐露心事时，我们经常落入想办法、提供主意的模式——告诉对方"该怎么做""你不应该这么想，应该要怎么想才对"，或是"不应该有这些感觉"。但这些都不是倾听，而是你把自己的想法强加在另一个人身上。

"倾听"本身就是一个动作，是个我认为非常美丽的动作。你愿意稳稳地捧着这个容器，接住另一个人内心倾倒出来的所有东西吗？

当有人再向你吐露心事时，你可以试着放下自己的看法和评价，别把自己的意见强加在他身上，告诉他："不管你心中有哪些东西，都可以倾倒出来，我会稳稳地接住。""我没有要改变你，我想和真实的你待在一起，你的每一种情绪和感受都是被欢迎的。"这样全然的接纳，就能够让他的痛楚减轻许多。

我们可以练习同理倾听，学习稳稳地捧住容器，全然接纳另一个人倾倒出来的痛楚。虽然这些倾倒出来的东西让我们感到沉重，却十分珍贵，这是人与人之间最深层、最真挚的联结。

复原力来自人与人之间的联结，当你有良好的人际关系时，这些联结就像是个稳固的网子，在你因经历挫折与逆境而坠落时，能够牢牢地接住你。当有人可以和你一起分担痛苦和悲伤时，那些你原以为无法承担的痛楚重量就会变得轻一点，你就更有能力和自己的痛苦待在一起。

这样的人际联结网子接住你，让你有个空间可以好好处理心理伤口，安心地让自己的伤口复原，然后在做好准备时，站起来重新出发。

我们每个人都需要彼此。复原力，正来自我们有彼此。

Chapter 5

当危机过后，
你要带走什么

不管发生什么事情，
我们都拥有最终的自由——
选择要如何做回应，
选择要从这个事件中寻求什么意义。

经历挫败后，让自己活回来

从犹太人大屠杀集中营中存活的心理学家维克多·弗兰克尔说过："在刺激与反应之间有个空间，在那个空间中，我们有力量能够选择如何回应，而我们的反应决定了我们的成长与自由。"

身为一位创伤治疗师，我对于人类如何在受创环境存活感到非常有兴趣，我读过几本犹太人集中营幸存者的回忆录，想了解他们是如何存活的，以及离开集中营后的生活。我非常喜欢的心理治疗师艾丝特·佩莱尔（Esther Perel）曾分享过，她的父母都是集中营里的幸存者，而且都是双方家族中唯一的幸存者。我听了许多场艾丝特·佩莱尔的访谈，听她讲述父母的经历、离开集中营后的生活以及这些经历如何影响她的成长。

重新活回来

艾丝特·佩莱尔分享，她的父母是在解放日那天相遇的。她妈妈是一位高级知识分子；爸爸是文盲，没受过多少教育。在一般情况下，这两个社会地位悬殊的人是不可能结婚的，但这是当时许多幸存者做的事。因为彼此什么都没有了，就赶紧结婚生下孩子吧。

在她成长的过程中，社区里居住的都是集中营幸存者。她分享道，以前总觉得社区中分为两种人，但却无法说清楚，直到她成为心理治疗师，回头检视她成长的社区，才意识到这个社区中的确有两群人：一群人从集中营出来后"没有死亡"（Not being dead），而第二群人则是从集中营出来后"活了回来"（Come alive）。

"没有死亡"的那群人，每天充满恐惧，无法信任别人，深陷在幸存者内疚中，他们充满怨恨，觉得人生已经被毁了。而"活了回来"的那群人则是对生活充满希望，他们认为既然存活了下来，就更要好好活着，替那些无法留下来的人一起活着。而艾丝特·佩莱尔的父母正是属于"活了回来"的那群人。

从小，艾丝特·佩莱尔的父母就会跟她谈论集中营，但是他们谈论的并不是生命有多悲惨和不幸，而是他们使用了哪些策略让他们在集中营中存活，以及他们建立了哪些共患难的情谊、哪些事情让他们变得更坚强。她的父母亲在集中营待了好几年，都抱持着强烈的决心一定要活下来，相信将来某一天一定会跟家人团聚。

维克多·弗兰克尔从集中营出来后出版了《活出生命的意义》这本书，书中写道："你可以把一个人的所有东西都夺走，但唯一无法夺走的，是这个人的最终自由——一个人选择如何看待事情的自由。"在艾丝特·佩莱尔的父母身上，我看到了弗兰克尔所说的"一个人最终的自由"。她的父母无法让被关进集中营这样的事不发生在自己的身上，不过他们选择了解读的方式——既然存活了下来，更要好好地活着。

听到她父母的经历让我心中非常感动与敬佩。经历过大屠杀后，能够让自己重新活回来，这展现出多么大的韧性和复原力。

我们可以把"集中营"这个词换成其他词汇——失去、失败、心碎、挫折……有些人在经历这些逆境后只是"没有死亡"，而有些人则重新"活了回来"。

这也是我想写这本书的原因。我们无法避免经历失败，但我们都能找到内心的复原力，让自己在经历失败后，重新活回来。

从失败与逆境中，寻找意义

每一个失败、失去、逆境或创伤事件，都伴随着失落与哀伤。你预期该发生的事情没有发生，你本来拥有的人、事、物消失了，你被别人伤害了，或者这些事件剥夺了你本来的自我认同、价值观、安全感或信任感。

谈到失落与哀伤，大家都会想到伊丽莎白·库伯勒－罗斯所提出的哀伤五阶段——否认、愤怒、讨价还价、忧伤以及接纳。经历失落与哀伤时，有消极情绪是正常的。与伊丽莎白·库伯勒－罗斯共同建立哀伤五阶段的心理师大卫·科斯勒（David Kessler），则是在 2019 年年底，提出了哀伤第六阶段：寻找意义。

一开始听到"寻找意义"这个词时，我觉察到内心冒出排斥感，我想到许多经历过哀悼的人都谈到身边的人会教诲他们："他的过世让你知道人生什么是最重要的。""这是上天给你的考验，你一定可以克服。""孩子去世是为了教导你成为一位更强大的人。"而这些话语让他们感受到被评价，无法好好感受哀伤。

在读完大卫·科斯勒《寻找意义：悲伤的第六阶段》（*Finding Meaning : The Sixth Stage of Grief*）后，我才理解到，"寻找意义"和我原本心中设想的不一样。大卫·科斯勒说："苦难本身并没有意义，你的孩子去世或伴侣去世，都不是'为了教你什么'。"这些失去并不是为了让你克服人生考验，也不是礼物，更不是为了给你上一堂人生大道理的课。

失去就是失去，是生命中本来就会发生的事，经历失去和痛苦，是人生的一部分。而"寻找意义"是我们在伤痛事件发生后，选择如何回应，如何继续活着。"寻找意义"就是心理学家维克多·弗兰克尔所说的"每个人都拥有最终选择如何回应的自由"。

大卫·科斯勒说，寻找意义无法抵消失去带来的痛，你依旧必须承受痛楚与悲伤。哀恸是爱的延伸，有爱，就会有哀恸。虽然死亡让一个人的生命结束，但是你和那个人的爱与联结并没有因此结束。我们与挚爱的人除了有肢体上的联结外，还有情绪与心灵上的联结。死亡让肢体上的联结消失了，但是你依然能够持续与这个人建立情感与心灵上的联结。

死亡发生后，你和已逝者之间的爱与联结依旧存在，只是用不同方式存在着。而寻找意义来自：失去后，当你的人生被迫继续向前，你要如何和这个人持续维持爱与联结？

同样，失败与逆境是人生中无法避免的事情，每一次失败与陷入逆境，你也必须让自己去感受痛楚，去哀悼消失的人、

166

事、物，哀悼消逝的自我认同或是对未来的想象。然后，让自己从失败与逆境中寻找意义——这件事情已经发生了，你要从中带走什么？你要如何带着这些意义继续向前走？

在生命中，让自己"现身"

知名导演伍迪·艾伦（Woody Allen）曾说过："生命中百分之八十的成功，来自你愿意'现身'。"读到这句话时，我思考了很久，尤其是"现身"（show up）两个字。

然后我想到了心理治疗师艾丝特·佩莱尔提到的两群人：一群人"没有死亡"，另一群人"活了回来"。我心想，"活了回来"，就是愿意在生命中让自己现身吧。

"现身"就表示你愿意出现、面对，愿意待在那里。在生命中愿意"现身"，就是每一次面对挑战时，就算结果可能失败，你还是愿意去尝试；当身边的人正在经历痛苦时，你愿意出现，和他的痛楚待在一起；你愿意去爱人，向某个人表达心中的感受，就算你可能会心碎或被拒绝；你愿意坦然面对自己的内心世界，看见自己的情绪与想法，以及倾听这些信息。

这样看来，"现身"的确是一件很需要勇气的事。因为现身后，你可能会经历挫败、失望以及各种令人不舒服的情绪。

现身之后，你可能需要做出改变，需要放弃安逸和熟悉感，让自己面对未知。

几年前，美国纽约市中心街道上放了一块大黑板与许多粉笔，黑板上写着"请写下你人生中最后悔的事情"，经过的路人们纷纷拿起粉笔，写下他们人生中最后悔的事。黑板上写着：没有说我爱你；没有说出内心想说的话；没有去做想做的事情；没有行动；没有当一位更好的朋友；没有尝试；没有对新机会说"好"；没有跨出我的舒适圈；没有参与……

每一句话，都是一段人生故事，而从各种后悔中，我读到了许多"没有"——那些没有说出的话、没有采取的行动、没有追求的理想。大家最后悔的并不是做了什么而带来糟糕的结果，而是"没有"去做——没有现身、没有去面对。

不敢现身的背后可能是恐惧——恐惧犯错、恐惧失败、恐惧被拒绝。但是当恐惧主宰了生命，我们就是过着"没有死亡"的生活。

或许过去的失败与逆境，让你现在陷入"没有死亡"的生活方式里，但我们都可以让自己重新活回来——练习让自己现身。不需要完美，只需要愿意现身就好。

成长，需要你勇敢地待在"中间"地带

有很长一段时间，我的桌前墙壁上贴着我从网络上读到的句子："所有美好的改变，都来自混乱。"（All great changes are preceded by chaos.）

当时的我正经历失去，本来规划好的人生突然间一片混乱。每一天，我都会盯着墙上贴着的这张纸，心里想着："我希望这句话是真的！"一部分的我想相信这句话，这样我才能对未来充满信念；但另一部分的我充满怀疑，这些混乱让我看不清楚前方，我不知道接下来会发生什么事。

博士班毕业后，因为搬家，这张纸被我收进了盒子里。在写这本书时，我想起了这句话，然后去翻出收纳盒，找出这张当初贴在墙壁上的纸。这次重新读这个句子时，心中充满感激，因为当初发生的混乱帮助我成长与改变，成为现在更喜欢的自己。

其实，所有的成长与改变都需要经历混乱。你必须让"旧的自我"瓦解，然后携带着你想保留的部分，舍弃该放下的部分，再加入新的东西，才能慢慢建立起"新的自我"。正是因为有混乱，让本来整齐有序的人生松动了，你才能重新思考未来，才能做出改变。

这样的经验也让我改变了自己的人生观。过去的我非常讨厌未知，总是需要事先规划好一切，认为人生就应该依照自己的规划进行；而现在的我，每当混乱出现时，多了一点好奇心，想着："不知道这次的混乱，会让我有什么改变？会把我带去哪里？"

混乱，是改变的开始

在提供咨询服务时，我经常用划船向个案案主做比喻。你离开了熟悉的岸，来到湖中央，在这里，你已经看不见之前的岸，但也看不到另一端，在一望无际的湖水中，你觉得自己迷失了方向。熟悉的人、事、物消失了，现在一切都很陌生，充满未知，你感到恐惧，不知道接下来该往哪里去，不知道将来会是什么样子。

你来到了"中间"（in-between）地带。

人生中有许多可以离开熟悉岸边的机会，有时是你主动的，有时是被迫的。我猜想，疫情的暴发，让许多人都被迫离开自己熟悉的岸，这个熟悉的岸可能是你过去的生活状态、工作、学业、人际关系、恋情、计划好的未来、信念、自我认同、价值观等等。这个离开已知朝向未知走过去的"中间"地带，之所以令人感到害怕，正是因为熟悉的事物消失了，而我们的大脑认为熟悉就是安全。有时候，待在"中间"实在是令人感到恐惧，所以许多人会转身回到熟悉的地方——枯死的关系、没有热忱的工作或生活状态、旧有的自我认同，因为当未知太难以承受时，大脑就会想回去寻找熟悉的人、事、物。

　　若要成长，你就必须勇敢地待在这个"中间"地带。其实，"中间"地带代表一个新的开始，如果你能够容忍未知，让自己穿过"中间"地带，就有可能抵达一个你从来没想过的新世界——可能是和过去截然不同的生活方式、人生态度、价值观，或是不一样的职业道路。

　　改变不仅仅是你愿意接触新事物，还要愿意放下与舍弃某些旧事物、旧自我。每一种成长与改变都需要你愿意踏入"中间"地带，愿意离开旧的岸，才有机会抵达新的地方。

　　疫情虽然带来许多焦虑，但我心里常想着："啊，我又踏入'中间'地带了！"我的价值观、自我认同、对未来的想象，这些本来要落地扎根的东西，因为疫情又开始转变。对于这次进入"中间"地带，我反倒多了一点好奇心："不知道疫情带来的混乱会让我有什么改变？疫情结束后，我会成为怎样的一个人？"

人生中遇到的每一个挫败、逆境、不如预期的事情，都是一个让自己踏入"中间"地带的机会。

你愿意让自己踏入"中间"地带吗？

学习向生命"投降"

生命中唯一能确定的事情，就是这个世界无时无刻不在变化。《享受吧！一个人的旅行》（Eat Pray Love）的作者伊莉莎白·吉尔伯特（Elizabeth Gilbert）在 2020 年一场谈论疫情的演讲中说："这个世界正在做它的工作，它的工作就是不断改变，有时候改变得很慢，有时候改变得很突然又快速。"

听完她的演讲不久后，我看到伊莉莎白·吉尔伯特在她的Facebook 上发了一张照片，是她的日记本其中一页，上面写着："你很害怕向生命投降，因为你不想失去对人生的控制。但其实你从来都没有控制过人生，你有的只是焦虑。"

读到这句话时，我盯着"投降"这个词许久。我猜想，许多人看到"投降"这个词时，首先想到的是负面含意——投降就是输了，就是失败。世界著名灵性作家埃克哈特·托利（Eckhart Tolle）解释："投降"，就是向生命说"好"。向生命投降，并不是放弃生命，而是放弃"对抗"生命，放弃抗拒事实。

当我们不断对抗事实，就可能陷入对抗的状态中。你可能会不断抱怨："为什么会发生这样的事情？""为什么疫情要把我的计划打乱？""为什么这件事会发生在我身上，太不公平了！""他怎么可以对我做这样的事？真是太过分了！"当我们陷入对抗事实状态，就会陷入怨怼和憎恨当中。

向生命"投降"，就是可以接纳生命中发生的所有事。你或许可以这样想："对，虽然我不喜欢，但是这件事情的确发生了，而我接下来该怎么做？我要怎么面对？"

放弃控制，拥抱未知

我猜想，愿意放弃"人生照着我的规划进行"的控制感，对许多人来说是一件很困难的事情。至少对我来说，非常困难，我也还在不断学习中。

许多痛苦都来自生命的展开与自己预期的不一样。我们只有愿意放弃抵抗事实，愿意放下"我的人生应该这样过才对！"的想法，愿意放下自己的"预期"，才能接纳自己真正的生命状态与样貌，好好活着。

如果能够放弃想要控制人生的幻想，愿意去拥抱未知与不确定性，你就能够让自己踏入"中间"地带。在这个"中间"地带，你多了许多空间，可以探索、可以发现、可以遇见各种新的可能性。

从旧的自我到新的自我，你必须穿越"中间"地带。当然，在"中间"地带很不舒服，因为旧的自我消失了，新的自我还没长出来，所以会有一段时间，你发现自己"谁也不是"。在这里，你必须让自己与未知和不确定性共处；你要能够放弃不再适用的自我认同，忘掉过去，并感受失去所带来的哀伤；你要同时能够一手握着某些旧的自我，另一手握着那些慢慢长出来的新自我；你要抱有信念，相信穿过"中间"地带需要花点时间，经历混乱才能塑造新的自我。

如果你现在已经进入"中间"地带，那么，恭喜你！请让自己拥抱未知与不确定性，然后继续前进。

你会抵达下一个阶段，会看到另一端新的岸。

你愿不愿意让自己重新开始

　　前阵子，我和一位读博士时的同学聊天，同样身为在美国的"外国人"，我们聊了读博士期间的生活、工作以及疫情和因种族歧视而爆发的冲突对我们的影响。电话中，朋友说道："我以前一直觉得以后要留在美国工作，但这次疫情让我重新检视了人生的优先级，让我现在对未来有了不一样的想法。"他继续说："但是，我的家人都觉得我应该留在美国工作，他们不断说，'你要记得你当初来美国念书时的初衷！'"

　　"莫忘初衷"四个字，我相信大家一定都很熟悉，这四个被大力赞扬的字，告诉你要记得当初为什么做这件事，要你坚持下去。当然，莫忘初衷很好，但这四个字也带着沉重的束缚——这个来自"过去的你"所建立的信念和自我认同，"现在的你"却还要继续背负。

"当时的初衷，是六年前的你决定的，"我回应他，"六年前的你根据当时的生命经验和想法，做了决定。但是现在的你不一样了，你增加了许多人生经验和智慧，你有不同的资源和想法，现在的你可以重新检视和决定你要什么。"

当你的内心告诉你莫忘初衷、要继续坚持时，我们能不能暂停下来检视一下："我到底在坚持什么？这些坚持从哪里来？"

"自我认同"也不断地在改变

除了"熟悉"所带来的安全感外，我们长期所拥有的自我认同也是一个安全感的来源。就算某些自我认同是负面的，但对大脑来说，熟悉的东西就有安全感，所以你还是会一直携带着。请你思考以下问题，写下你有哪些自我认同：

你是谁？

你是什么样的人？

别人会怎么形容你？

什么事情对你重要？

你擅长什么？不擅长什么？

你写下的这些，或许来自你十几、二十几年的自我认同，我想请你花一点时间想一想：你携带这些自我认同多久了？

你有多相信这些描述是真的？你因为这些自我认同做了哪些事情？没做哪些事情？这些自我认同如何影响你做决定？

然后想一下：如果这些自我认同不是真的或是其实还有其他选项，那会是什么样子？

在咨询室中，我经常碰到个案案主害怕做出改变，其中一个原因来自害怕改变自我认同。个案案主们说："我很怕我的朋友或家人说'你变了！'"或者，他们想尝试的新事物，但那并不符合过去他们对自己的评价，因此迟迟不敢行动。

的确，对成年人来说，要放下旧有的身份和认同十分困难。有一句谚语叫作"老狗耍不出新把戏"，但或许不是老狗无法学习新的戏法，而是旧的把戏太熟悉、太难舍弃了。

但是，每个人的自我认同都是会不断进化与改变的。随着年龄的增加，你会累积新的人生经验、想法、感受、资源，这些都影响着你不断进化的自我认同。你在某个人生阶段重视的事情，可能不再是下个阶段重要的事。所以我们必须学会放手，舍弃那些不再适用的自我认同。

再请你回去读你写下的自我认同，想一想：这些自我认同是怎么来的？是当初的你自己建立的呢，还是父母或老师灌输给你的？哪些自我认同是经过你检视后决定保存的？哪些是你未经思索直接从原生家庭中承袭而来的？又有哪些是社会文化引导你的？以及哪些是非常重要的？你觉得这些自我认同对于现在的你还适用吗？

今天的你，可以重新决定你是谁，要携带哪些自我认同。明天的你，也可以再次检视哪些自我认同要放下，哪些要拾起，哪些需要重新塑造。

自我认同可以不断改变，比起担心"自己变了"，我们更应该担心自己"没有任何改变"。因为没有改变就表示没有成长，表示"停止活着"。

美国心理学教授拉文纳·赫尔森（Ravenna Helson）追踪了一百二十位女性长达五十年，并检视了这些受试者的个性、特质、自我成长。这些受试者中，有许多人在六十岁到七十岁之间，有显著的正向特质成长与改变。拉文纳·赫尔森教授说，要改变自己永远都不嫌晚，就算到了六十岁，你还是可以改变自己，让自己成为你想要成为的人。

前阵子我读了梅耶·马斯克（Maye Musk）的自传，梅耶·马斯克是世界著名企业家埃隆·马斯克（Elon Musk）的母亲，也是一位营养师和模特。七十三岁的梅耶·马斯克持续从事模特工作，她在书中写道，她的每一年都比前一年更精彩，越老越快乐。她的社交网站上更是写着"七十多岁真是太棒了"。

梅耶·马斯克曾经历过家暴与许多挫折，看到她如此充满生命力地活着，更让我相信：不管我们现在几岁，处在人生什么阶段，过去经历哪些挫败或逆境，我们都有机会做出改变，成为我们想成为的人。只要我们愿意让自己重新开始。

再一次，重新启航

我们每个人都处在自己的人生航程中，对于在读这本书的你，我很荣幸可以借此与你的人生航程有了短暂交会。

接下来我们在各自的人生航道上会发生什么事，没有人知道，也没有人可以预测，但我们自己是那个掌舵的人，我们可以决定船朝哪个方向前进。你的价值观是"北极星"，你的情绪和感受是你的"罗盘"，如果好好倾听情绪传递的信息，你会知道你喜欢什么、不喜欢什么、人生哪些事情对你重要，以及下一步要往哪里走。

不可避免的是，在人生的航程中会经历暴风雨，可能是失去、心碎、挫败和各种不如预期的事情。经历暴风雨时，你需要慢下来，让自己去感受情绪，去觉察内心的想法，去倚靠信任的人。人与人的联结就像个安全的港口，让你的船可以暂时停靠、休憩、避难。

虽然停在港口令人感到安心，充满熟悉感，但是船被建造出来就是为了航行的，不是永远停靠在港口的。当然，你需要花点时间重新补充船只需要的燃料，修复破损的地方，然后，你要让船重新离开港口，再度出发。

同样地，不管经历多少次失去、失败、心碎或挫折，我们都需要在休息好之后，离开港口，重新启航。要让自己重新回到充满未知的大海，再去爱人与被爱，再次接受新挑战，再去探索与发现，以及再次迎接下一场暴风雨。

不管经历过几次暴风雨，你都愿意重新启航，这就是复原力。

法国作家马塞尔·普鲁斯特（Marcel Proust）说："真正的发现之旅不在于寻找新大陆，而是以新的眼光去看事物。"每一次的失败、心碎或挫折，都在帮助你成长与改变，帮助你淬炼出新的眼光。而每一次的重新启航，你会带着不一样的新眼光，重新看待你的人生和你自己。

我不知道在读这本书的你，现在处在人生航程中的哪一个阶段。你可能目前一帆风顺，或正在经历暴风雨，或者你可能正在港口休憩，又或者你刚重新启航回到大海中，对于接下来会发生什么感到紧张。不管你现在在哪里，我都希望这本书可以给你一点力量，让你有勇气一次又一次地重新出发。

我相信，我们每个人都拥有可以让自己复原的能力。这些复原力在你的心里，你只需要愿意向内心走去，就可以找到复原力。

最近刚好读到心理学家希玛·布莱恩－戴维斯（Thema Bryant-Davis）博士写的一段话，我想把这段话送给阅读这本书的你。她写道："破碎的心可以再度去爱；被延迟的梦想可以再有机会被实现；焦虑不安的心可以再次找到平静。有些结束正是个开始。"

当旧有的事物结束了，不再适用了，新事物就会被创造出来。而你愿不愿意，一次又一次地让自己重新开始？

后 记
走进内心世界，找到复原力

2020 年暴发的新冠病毒疫情，启发我写了这本书。因为看到疫情带来许多混乱，让许多人经历挫败与失去，所以我想借由这本书来帮助大家建立复原力，走出逆境。

而我完全没有预想到的是写这本书对我自己的影响。写书的过程中我读了非常多的资料，听了许多演讲，也因为访谈朋友听到一些故事。在我把这些信息串联起来的过程中，我自己深受启发，做出了不少改变。

写书的这几个月内，我尝试做了好几件过去觉得自己不可能办到的事情，我放下了一些携带许久的自我认同，我更有勇气去面对和表达内心想说的话，我看待失败和挑战的方式不一样了，我似乎更能拥抱未知与不确定性，人生中对我重要的价值观变得更清晰，我也认识了从来不曾挖掘的自己的另一些方面，以及我开始用不一样的方式来自我照顾，练习爱自己。

因为写这本书，我变得不一样了，连我对于自己的这些改变，都感到很惊讶。

曾经在一本书中读过一句话："作者写他们需要学习的东西。"写完这本书后，更让我深信：是啊，复原力是现在的我正需要学习的。我以为这本书是要帮助别人，却是极大地先帮助了我自己。

我不是专家，我是一位学习者，写作是我学习的方式。我希望，这本书的某些内容能够引起你的共鸣，带给你一些改变。或许，你也会有一些自己都意想不到的转变。

不管到哪里，你都和自己在一起

写这本书让我做出最大的改变，就是我改善了和自己的关系。

因为疫情，我任教的学校改成在线上课，刚开始在线工作时，因为长时间坐在荧幕前，我几乎每天都会头痛、肩颈痛。一周后，我意识到，疫情会持续好一阵子，若要度过这样的日子，我需要确保我的身体支撑得下去。

过去的我其实并不会认真倾听身体发出的信号，我常常活在大脑掌控中："再忙一下就好，先把这件事情做完，头痛等一下吃个止痛药就好。"对以前的我来说，完成工作最重要，每次都是当身体累积到出现无法忽视的疼痛感后，我才会停下来休息。

我理解到，原来过去的我并没有真正照顾好我的身体，虽然我也坚持规律的运动，能保证充足的睡眠，也尽量保持健康饮食，但这些在我心中就是"形式上"的自我照顾，好像做到这些，就可以在框框里打钩说："对，我有照顾自己！"而平常其他时刻，我经常忽略身体需要什么，在跟我说什么，就算觉察到身体发出的信息，我也没有因此做回应。

原来，过去的我一直在告诉我的身体："你的感受并不重要！"

因为在线工作，我告诉自己："身体要陪我度过疫情，我需要好好照顾它！"于是，我开始专注于觉察身体有哪些感受、哪里需要被支持，觉察我的呼吸状态和身体姿势，在身体发出不舒服信号时做调整，让自己休息、伸展、喝水以及让身体活动。

然后我理解到，其实不仅仅是疫情，过去我人生中发生的所有事情——开心的、难过的、心碎的、失望的，我每一段人生经历，身体一直都陪伴着我，支持着我。我的身体撑起一个辽阔的空间，容纳我的所有感受、情绪和经验，不管是过去或将来，不论人生发生什么事，我的身体都会继续陪着我。

过去，我总会带着"哪里不够好"的眼光来评价自己的身体，而这是第一次，我对自己的身体充满了感激，感激它一直陪伴我。我也了解到，每一个人的身体，不管是什么样的形态，都忠心耿耿地陪伴着我们，都非常美丽。

因为写这本书，我有机会更深刻地认识自己，和自己更亲近。我想，复原力就是不管发生什么事情，你知道你还有你自己——你有个身体支撑着你，你有个辽阔的内心，足够容纳你所有的情绪与感受。

人生这条路上，不管身边有多少人，到头来，我们还是和自己在一起。每一种情绪和感受，都需要你和"你自己"一起去承受、经历，只有你自己知道每一种情绪是什么感觉，每一次的心碎、失败和失去又是多么的痛，而这个会陪伴你最久的"你自己"，值得你细心温柔地照料。

因为复原力，我们现在在这里

在这本书中，我介绍了如何建立复原力：复原力在情绪与身体里，你要能辨认情绪，与情绪共处，也要学会调节身体状态；复原力在大脑中，你要能觉察到僵化的思考模式，用更有弹性的眼光去看待失败与挫折；复原力在人际关系中，你要能建立真挚的人际关系联结，愿意向别人展现脆弱和真实的自我；复原力也来自在每次危机过后，你能从中找到什么意义，如何继续向前。

我们每个人都拥有复原力，拥有足够的力量去面对人生航程中的各种风雨。复原力一直都在你的心里，你要做的，就是走进自己的内心世界，找到你的内蕴力量和资源。

疫情让我体会到，地球上所有人之间的联结是如此紧密。美国精神科医师丹尼尔·西格尔（Daniel Siegel）提出了"我我们"（MWe）这个概念。他说，每个人各自是独立的个体"我"（Me），但也相互联结成"我们"（We），如果能够结合这两个概念，把"我"和"我们"加起来，就成为"我我们"（MWe）。

我是我，也是我们——当我照顾你，就是在照顾我自己；当我爱护地球，也是在爱护我自己。"我"的概念不只存在于自己的身体里，也存在于人群联结里，存在于这个地球上。一场疫情也让我意识到，唯有坚持"我我们"的理念，防疫才能成功，我们不能只自私地想着自己要什么，而是要同时保护其他人，尤其是感染风险较高的人群。因为保护别人，就是保护我们自己。

所以我想请你开始练习用"我我们"的角度去生活。每当你做决定时，不仅想着这决定会如何影响自己，也要想着这些行为会如何影响其他人，影响这个地球以及如何影响着后代。当我们能够用"我我们"的角度生活，或许看待生命中发生的事情的眼光就会很不一样。

从你内心的"集中营"里走出来

写这本书时，我脑中不断想到心理治疗师艾丝特·佩莱尔提到的两群人：一群人从集中营出来后"没有死亡"，另一群人则是"活了回来"。

在修改书稿时，全世界已经有超过五千万人感染新冠病毒，有超过一百万人因此而死亡。这场疫情让我了解到生命多么无法预期，是如此脆弱。因为祖先的复原力，我们来到这个世上；也因为我们的复原力，生命可以传承下去。不管你过去经历过什么事，因为你的复原力，让你现在得以在这里——你存活了下来。

而接下来，你可以选择要用什么样的方式继续活着——"没有死亡"，还是"活了回来"？

最近我读到了伊迪丝·伊娃·埃格尔（Edith Eva Eger）博士的书《礼物》（*The Gift*）。今年九十多岁的埃格尔博士是犹太人大屠杀集中营的幸存者，在她十六岁时被送进了奥斯维辛集中营，父母与当时的男友都在集中营中身亡。

集中营解放后，埃格尔博士说她有二十年的时间没有跟任何一个人说过她曾经待过集中营，幸存者内疚让她无法原谅自己。毕业典礼时她没去参加，因为她认为只有她存活是不应该庆祝或感到开心的。解放三十年后，她让自己重新回到奥斯维辛集中营，开始面对和处理心中的创伤。

埃格尔博士在一场访谈中说："我根本不需要希特勒，我内心就有一个集中营，把我关在里面二十几年。最大的集中营在我们的内心，而钥匙就在自己身上。"

或许，因为过去发生的事情，你也被关在内心的"集中营"里。过去的失败、心碎、逆境，可能让你觉得自己不值得再被爱，觉得自己不够好、充满羞愧、无法信任人、不敢尝试、对伤害你的人充满憎恨、对人生充满怨恨，这些，都让你把自己关在内心的集中营里。

而你可以从内心的"集中营"里走出来，钥匙在你身上。复原力，就是你能够进入内心，找到这个钥匙，打开门，走出内心的监牢，让自己重新活回来。

祝福我们都能够在剩下宝贵的生命中，让自己活回来，活出属于你自己的精彩。